Hans-Heiner Bergmann
Vogelfedern an Flüssen und Seen

Hans-Heiner Bergmann

Vogelfedern an Flüssen und Seen

Finden und Bestimmen

unter Mitarbeit von Gerd-Michael Heinze
und Ralph-Günther Lösekrug

Quelle & Meyer Verlag, Wiebelsheim

Bibliografische Information der Deutschen Nationalbibliothek
Die Deutsche Nationalbibliothek verzeichnet diese Publikation in der Deutschen Nationalbibliografie; detaillierte bibliografische Daten sind im Internet über http://dnb.d-nb.de abrufbar.

www.verlagsgemeinschaft.com

Druck und Verarbeitung: Reálszisztéma Dabas Druckerei Ag, www.dabasprint.hu

ISBN 978-3-494-01501-9

Inhaltsverzeichnis

Einführung

Es ist früher Frühling. Der Weg führt auf einem befestigten Damm tief hinein in den Schilfgürtel des Sees: der einzige feste Grund in einem schwimmenden Lebensraum. Auf dem Weg in diesen Lebensraum hinein achtet man auf das Rauschen der Schilfhalme, auf die im Wind schwankenden Rispen, auf die Bartmeisen und die anderen Schilfvögel, die das Meer der Halme bewohnen. Auf dem Rückweg richtet sich mehr Aufmerksamkeit auf den Boden. Dort kann man am Rand des Weges Federn entdecken. Zu Anfang misst man ihnen keine besondere Bedeutung bei. Erst beim zweiten Besuch sieht man genauer hin.

Zuerst liegen da Federn von einer Krickente im Schatten einer Weide: unverkennbar der smaragdfarben leuchtende Spiegel einer Armschwinge. Am Ende des Weges, ganz draußen, wo ringsum nur Wasser und Schilf sind, entdeckt man verstreut Federn einer Wasserralle. Es bedarf schon einiger Mühe, wenigstens die Schwingen des einen Handflügels vollständig einzusammeln. Der Greifvogel, der die Ralle erbeutet hat, war nicht sehr sorgfältig; der Wind hat wohl ein Übriges getan, die Federn zu zerstreuen. Aber dann geht es weiter. Mehr und mehr Rupfungen finden sich, die man bis dahin übersehen hat:

Binnenländisches Feuchtgebiet: An einer flachen Lache wie hier im Seewinkel nahe dem Neusiedler See findet man meist Vögel – und Vogelfedern.

Am Wegrand des Dammweges ins Schilf liegen einzelne Federn und ganze Rupfungen.

Federn einer Bekassine unter einem kleinen Weidenbusch, die einer Rohrammer mitten auf dem Weg, beide vielleicht gerade erst aus dem Überwinterungsgebiet ins Brutgebiet zurückgekehrt; dreimal Blaumeisenfedern; und dann an zwei Stellen Federn von Bartmeisen. Es war in jedem Fall der Sperber, der hier Spuren seines Tuns hinterlassen hat. Er hat Vögel aus dem Schilfgürtel gefangen und ist damit auf dem Dammweg gelandet, um seine Beute auf festem Untergrund zu rupfen. Dem Besucher bietet sich ein – gewiss unvollständiges – Abbild der Vogelwelt des Schilfgürtels aus der Sicht des Beutegreifers. Es ist wie ein Fenster in den vor ihm liegenden Lebensraum: Selbst Vögel, die er gar nicht gesehen hat, hinterlassen unverkennbare Spuren in Gestalt ihrer Federn. Man beginnt zu verstehen: Federn bilden den Vogellebensraum ab. Das ist nur die eine Seite – die Ökologie. Wenn man die Federn jedoch genauer betrachtet, gibt es eine Menge mehr zu entdecken. Da sind die bunten Federn der Bartmeise: die orangefarbene und übermäßig lange mittlere Schwanzfeder, die nach außen hin stufig kürzer werdenden weiteren Schwanzfedern mit breiten hellen Endsäumen, die äußerste mit ganz anderem Färbungsmuster. Eine schwarze Unterschwanzdecke verrät das Männchen. Man nimmt Merkmale wahr, die man beim lebenden Vogel auch sehen und wiederentdecken kann.

Ob zum nächsten See, an den Fluss, an einen Picknickplatz am Bach oder an den Parkteich, ein Sonntagsspaziergang, eine Radtour oder eine Landpartie führen häufig an ein Gewässer. Hier ist die Landschaft besonders reizvoll und bietet oftmals eine weite Aussicht und eine große Vielfalt von Lebensräumen und ihren Bewohnern. Selbst unter den fortgeschrittenen Vogelbeobachtern gibt es viel mehr Liebhaber von Wasservögeln als von Waldvögeln. Am Saum des Wassers können wir Vogelfedern auffinden. Wem mögen sie gehören? Warum liegen sie jetzt gerade hier?

Vögel sind meist in Bewegung. Um sie beobachten zu können, muss man in der Regel ein Fernglas oder ein Fernrohr verwenden. Aber auch so herangeholt können sie jederzeit davonfliegen und den Beobachter enttäuscht stehen lassen. Doch manchmal hinterlassen sie ihm einen Gruß, den er in die Hand nehmen kann: eine Feder.

Nach der Brutzeit, im Sommer und vielfach bis in den Herbst und Winter hinein, rasten die Vogelscharen oft längere Zeit an einem Gewässer, um hier ihr Gefieder zu wechseln. Die zarten Horngebilde sind nach einem Jahr Gebrauch bei Wind und Wetter sowie stetiger Abnutzung reif für eine Erneuerung. Die Mauser der Federn geht nach einem bestimmten Schema vor sich und zwar möglichst so, dass ihre tragenden, wärmenden, schützenden und Merkmale zeigenden Funktionen während des monatelangen Vorgangs erhalten bleiben. Die abgeworfenen alten Federn sind es, die man manchmal in großer Zahl am Gewässersaum finden kann. Im Park hinterlassen viele Enten, Möwen und Rallen ihre Mauserfedern am Ufer. Auch was auf dem Wasser treibt, wird vom Wind oder von der Strömung ans Ufer gebracht und bildet einen kleinen binnenländischen Spülsaum. So reichhaltig wie an der Küste sind die Fundmöglichkeiten allerdings meist nicht. Bei Vögeln, die Röhrichte oder Verlandungszonen bewohnen, bleiben die Mauserfedern einfach in der Vegetation hängen und sind für den Besucher unzugänglich. Er findet allenfalls eine Rupfung auf festem Untergrund oder Reste eines verstorbenen Vogels.

Ein Vogel hat viele Federn. Ein großer Vogel wie ein Schwan kommt auf 20 000 oder mehr. Die meisten Federn sind jedoch klein, sie bedecken Hals und

Rupfung: Ein Baumfalke hat eine Flussseeschwalbe erbeutet.

In der dichten Vegetation des Schilfgürtels an einem Teich mausern viele Vögel, dort kann man sie schwer sehen und auch ihre Federn kaum finden.

Kopf, etwas größere befinden sich am Körper. Nur im Flügel und Schwanz eines Vogels gibt es etwa 60 große Federn: Hand- und Armschwingen am Flügel, zwölf oder mehr Steuerfedern im Schwanz. Während die kleinen Federn meist ungesehen von Wind und Wasser fortgetragen werden, bleiben die großen vorerst übrig. Doch lassen sich Vogelfedern keineswegs nur im Sommer und im Herbst zur Mauserzeit finden. Sperber, Habicht und Wanderfalke, die sich hauptsächlich von Vögeln ernähren, hinterlassen zu jeder Jahreszeit Federhaufen, die man Rupfungen nennt. Einzelne Federn verliert ein Vogel das Jahr über auch auf andere Weise. Manchmal brechen sie einfach ab. Das tut dem Vogel nicht weh, weil die Feder nach ihrer Wachstumsphase abgestorben ist und weder Blutgefäße noch Nervenfasern enthält. Nur wenn die Federn mit Gewalt ausgerissen werden, kann das schmerzhaft sein und Blutungen erzeugen.

Viele Federn sind reizvoll gefärbt und interessant geformt. Man darf sie betrachten und aufnehmen, ohne den zugehörigen Vogel zu stören. Man hält zwar kein lebendes Wesen in der Hand, aber immerhin ein hoch kompliziert gebautes Hautgebilde und zugleich das in Gestalt und Färbung bewundernswerte Ergebnis lebendiger Anpassung.

Die auf einem Pfosten im Moor stehende Uferschnepfe lässt so gut wie nichts vom Großgefieder erkennen.

Wenn sie im Augenblick des Abflugs die Flügel öffnet und den Schwanz hebt, werden Schwingen und Steuerfedern sichtbar.

Dieses Buch geht der Frage nach Herkunft und Natur der Federn, die man an Binnengewässern findet, nach. Unter Binnengewässern sind Seen, Teiche und andere stehende Gewässer genauso zu verstehen wie Bäche, Flüsse, Kanäle und Gräben. Es ist freilich nur eine Auswahl der wichtigsten und auffallendsten Federn der dort vorkommenden Wasservögel, die hier dargestellt und beschrieben wird.

Die vorgestellten Vögel werden im Foto abgebildet und ihre Flügel und Schwänze als Ganzes im Text kurz beschrieben, sodass man sich eine Vorstellung davon machen kann, wie die einzelnen Federn in das Federkleid des Vogels passen. Der Artentext enthält zusätzliche Informationen über das Woher und Wohin des Vogels im Jahreslauf.

Eine Handvoll gesammelter Federn vom Ufer stellt ein Abbild des Vogelgeschehens am Gewässer dar. Welche Vögel sind da? Welche ziehen durch? Mausern sie gerade ihr Großgefieder? Wie weit sind sie mit der Mauser fortgeschritten? Waren sie vor längerer Zeit hier beziehungsweise halten sie sich schon lange hier auf (wenn die Federn alt und verwittert sind)? Selbst eine einzige Feder kann dem Kundigen oft vielerlei Auskunft über ihren Besitzer geben. Welche Flugtechnik hat er verwendet? Wie gut hat er sich ernährt, als die Feder wuchs? War er ein Männchen, ein Weibchen, ein Alt- oder ein Jungvogel, ein Vogel im Pracht- oder Schlichtkleid? Die Wissenschaft weiß heute einer Feder noch mehr Informationen zu entnehmen: Wo auf der Welt sie gewachsen ist, welcher Umweltbelastung sie ausgesetzt war oder mit wem ihr Träger verwandt ist. Grund genug, den zarten Fund am Gewässer mit Ehrfurcht zu betrachten.

Dank

Gerd-Michael Heinze hat das ganze Manuskript, Ralph-Günther Lösekrug den Artenteil kritisch gesichtet und beide haben zahlreiche Verbesserungsvorschläge gemacht. Dominique Conrad und Rolf Heisler vom Aula-Verlag haben mich beim Herstellen und Bearbeiten der Abbildungsvorlagen sowie Frau Conrad auch bei der redaktionellen Arbeit am Buch wirkungsvoll unterstützt.

Die meisten Federvorlagen stammen aus der Sammlung des Autors, zu der eine Reihe von Personen Material beigesteuert haben: Prof. Dr. R. Abraham, Dr. W.-D. Busching (†), Dr. W. Engländer, H.-J. Fünfstück, M. Ganso, Dr. E. Gerstner, Dr. G. Kooiker, Dr. S. Klaus, M. Koch, Dr. J. O. Kriegs, R.-G. Lösekrug, J. Menzel, J. Sartor, M. Sommerhage, Dr. C. Unger, Dr. M. Wessel, Dr. J. Wiesner, Dr. W. Wissner und viele andere. H.-J. Fünfstück, R.-G. Lösekrug und J. Menzel haben mir wertvolles Federmaterial ausgeliehen. P. Südbeck hat die rechtliche Situation des Federsammelns erkundet. Ihnen allen sei für ihr Verständnis gedankt.

Welche Federn findet man?

Man findet an Binnengewässern überwiegend Federn von Wasser- und Watvögeln. Die hier am stärksten vertretene Gruppe ist die der Entenvögel, zu denen Gänse, Enten und Schwäne sowie Säger zählen. Von ihnen gibt es jeweils viele oder mehrere Arten. Danach kommen die Möwen, Seeschwalben und Watvögel, die oft ebenfalls in großen Artengruppen auftreten. Schließlich reihen sich die Kormorane an, dazu die Rallen und der Kranich. Hinzu kommen Lappentaucher, Reiher, ein paar Greifvögel und endlich einige an den Lebensraum besonders angepasste Singvögel. Schließlich findet man manch-

Männliche Enten – wie hier die Spießente – tragen schon im Winter ihr Prachtkleid. Die Weibchen (Stockente links) sind das ganze Jahr über schlicht und tarnfarbig.

mal auch Federn von Vögeln, die hier überhaupt nicht hingehören. Vögel können fliegen und treten besonders während der Zugzeiten in Lebensräumen auf, die ihnen eigentlich fremd sind. Buntspechte kann man zum Beispiel im Herbst als Durchzügler auch im Schilfgürtel des Neusiedler Sees antreffen.

Allgemein gilt: Je mehr Individuen einer Art in einem Gebiet vorhanden sind und je länger sie dort verweilen, desto häufiger kann man ihre Federn finden. Bei der großen Mehrzahl der Funde handelt es sich um einzelne Federn. Die meisten Federn findet man im Sommer und Herbst, wenn viele Vögel mausern. Dabei wird sich das Spektrum der zu einer bestimmten Zeit gefundenen Federn danach richten, welche Federn von den Vögeln am Gewässer gerade abgeworfen werden. Von vielen heimlichen Röhrichtbewohnern wird man aber – aus dem oben beschriebenen Grund – kaum Mauserfedern finden.

In einem Lebensraum, in dem sich viele Vögel über Wochen und Monate hin aufhalten, kommen immer wieder Vögel ums Leben, die dann als Ganzes, als Skelett mit restlichen Federn, als Mumie oder nur als Flügelrest anfallen können. Unter den Verursachern solcher Funde sind außer Krankheiten, Unfällen und anderen Ursachen auch die schon genannten Greifvögel, die entweder wie Uhu, Sperber oder Habicht Rupfungen erzeugen oder wie der Wanderfalke ganze Flügel oder Skelette mit Flügeln und Schwänzen hinterlassen. Vögel können aber auch von Füchsen, Iltissen, Wieseln und anderen Beutegreifern gerissen werden, worauf abgebissene Federn hindeuten.

Federn werden gemausert, das heißt von den Vögeln abgeworfen und erneuert, wenn sie eine Zeit lang genutzt worden sind. Sie können dann noch ganz frisch aussehen oder auch stark abge-

Schwanzfedern vom Großen Brachvogel: links eine abgenutzte Feder, rechts eine Feder im frischen Zustand.

nutzt, strähnig und ausgeblichen sein. Wenn man die Wahl hat und Federn bestimmen möchte, sollte man möglichst frische und gut erhaltene aufnehmen. Meist wird man auch die Großen bevorzugen.

In vielen Fällen ist es jedoch nicht einmal das Großgefieder (die Schwingen und Steuerfedern), welches die Vögel bunt macht oder ihnen kontrastreiche Färbungsmuster verschafft, sondern das Kleingefieder. Oft sind gerade die Handschwingen unscheinbar grau und schwarz gefärbt. Es gibt aber Ausnahmen: Die Schwingen vieler Möwen und Entenvögel tragen auffallende Färbungsmuster. In diesem Buch werden überwiegend Federn des Großgefieders beschrieben und dargestellt, also Hand- und Armschwingen sowie die Schwanz- oder Steuerfedern. Diese lassen sich leichter bestimmen. In einigen Fällen sind auffallende und charakteristische Deckfedern beschrieben und in die Abbildungen aufgenommen worden. Wichtige Begriffe zur Federkunde sind im Glossar auf S. 189 ff zusammengestellt.

Die Auswahl der Arten

Dieses Buch kann nicht die Vielzahl aller am Gewässer möglichen Federfunde beschreiben, sondern konzentriert sich auf die häufigen und regelmäßig auftretenden Wat- und Wasservögel. Singvögel spielen hier nur eine geringe Rolle, weil sie zu klein sind und keine eigentlichen Wasservögel darstellen, abgesehen von einigen Arten, die im Schilf leben oder auf Bachläufe spezialisiert sind. Manche typischen Schilfvögel wie den Teich- und den Drosselrohrsänger haben wir ebenfalls weggelassen. Sollte man einmal in den Besitz ihrer Federn kommen, sind sie doch schwer bis zur Art zu bestimmen.

Besonders außerhalb der Brutzeit halten sich am Wasser Vögel auf, die hier als Zuzügler oder Durchzügler oder Nahrungsgäste rasten. In Schilfbeständen kann man im Winter regelmäßig Kleinspechte und Blaumeisen beobachten, die aber hier nicht brüten. Bachstelzen und sogar Zilpzalpe halten sich im zeitigen Frühjahr gern am Wasser auf, der Zaunkönig sogar im Winter. Später suchen sie andere Lebensräume auf und werden deswegen hier nicht behandelt.

Einsammeln von Federn

Federn sind beim Einsammeln oft nass oder feucht. In diesem Zustand sollte man sie nicht in eine Papiertüte stecken, weil das Papier dann ebenfalls feucht wird und rasch reißt. Federn einfach in die Mantel- oder Hosentasche zu stecken, ist auch nicht angebracht. Sie werden dort schnell geknickt oder verbogen. Am besten ist eine Plastiktüte oder ein Stoffbeutel, deren Öffnung man verschlossen hält, weil der Wind sie sonst herausbläst. Wenn man die Federn auf diese Weise in einen geschlossenen Raum gebracht hat, sollte man sie rasch aus dem Beutel herausnehmen, gegebenenfalls reinigen und dann trocknen. Man kann ihnen durch gleichzeitiges Streichen mit den Fingern von oben und unten entlang der Federstrahlen ihre geschlossene Form wiedergeben, sofern sie noch nicht zu stark verschlissen sind. Verschmutzte Federn kann man in warmem Wasser mit Spülmittel reinigen und danach mit dem Föhn trocknen. Deformierte Federn lassen sich in vielen Fällen im Dampfbad wieder in Form bringen.

Ängste wegen Infektionen muss man nicht haben. Weder Vogel- noch Schweinegrippe-Erreger haften an Federn und sie würden sich dort auch nicht halten. Eine Atemmaske beim Umgang mit solchem Federmaterial ist nicht nötig, es sei denn, man hätte eine spezielle Allergie gegen Feder- oder anderen Staub. Jedoch sollte man, wenn man mit gefundenen Federn oder mit sonstigen Vogelresten umgeht, nicht gleichzeitig sein Frühstücksbrot essen. Wenn man mit der Untersuchung fertig ist, kann es nicht schaden, sich die Hände zu waschen.

Wo sind die übrigen Federn?

Wenn man eine Rupfung findet, sollte man versuchen, sie möglichst vollständig einzusammeln. Oft sind es einige wenige charakteristische Decken des Körpergefieders, die es erleichtern, die Vogelart zu bestimmen. Für den Federsammler sind zwar die Schwingen und Steuerfedern das Wichtigste, aber ohne Proben des Kleingefieders kommt man beim Bestimmen oft nicht zu einem sicheren und raschen Ergebnis. Allerdings werden die kleinen Federn leicht vom Wasser und vom Wind davongetragen, sodass man sie nicht mehr findet.

Darf man Federn aufsammeln und behalten?

Wenn an einem Platz am Ufer eine große Zahl von Vögeln rastet, darf man sie nicht stören oder verscheuchen, um ein paar Federn aufzusammeln. Sie brauchen dringend ihre Ruhe und verlieren unnötig Zeit und Energie, wenn sie aufgejagt werden. Man kann solch einen Platz aber nach dem Wegfliegen der Vögel aufsuchen, falls er nicht aus anderen Gründen gesperrt ist. Oft ist das Betreten eines Gebiets durch seinen offiziellen Schutzstatus zeitlich und räumlich geregelt oder gänzlich untersagt. Hinweisschilder müssen in jedem Fall beachtet werden.

Alle wild lebenden europäischen Vögel sind nach internationalem Recht, dem auch die Bundesrepublik Deutschland verpflichtet ist, und nach nationalem Recht des Bundesnaturschutzgesetzes und der Bundesartenschutzverordnung besonders geschützt. Man darf sie sich nicht aneignen oder in Besitz nehmen, es sei denn mit einer offiziellen Ausnahmegenehmigung. Das gilt ebenso für erkennbare Teile dieser Vögel, also auch für ihre Federn. Wer Federn systematisch sammeln will, der muss bei der zuständigen Naturschutzbehörde eine Ausnahmegenehmigung beantragen. Diese wird im Allgemeinen erteilt, wenn man nachweisen kann, dass die Sammlung der Forschung oder der Lehre dient. Die Genehmigung gilt in der Regel zeitlich und räumlich begrenzt. Ebenfalls streng rechtlich geregelt ist das Vermark-

In Naturschutzgebieten herrscht oft Wegegebot, das heißt, man darf die markierten Wege nicht verlassen. Federn kann man aber ebenso am Wegrand finden. Zu bestimmten Jahreszeiten kann das Betreten eines Gebietes auch auf den Wegen verboten sein – meist zum Schutz der Vogelwelt während der Fortpflanzungszeit.

tungsverbot: Man darf gefundene Federn nicht in den Handel bringen. All diese Regelungen haben ihre Geschichte. Wenn jemand einen schönen bunten Vogel gern in präpariertem Zustand bei sich zu Hause haben möchte, könnte er ihn einfach schießen oder fangen und umbringen und dann behaupten, er habe ihn am See gefunden. Da mit solchen Dingen viel Missbrauch getrieben worden ist, hat der Gesetzgeber strenge Maßnahmen dagegen vorgesehen. Es gibt in der Tat einen schwarzen Markt für gewisse Federn, zum Beispiel weil manche Menschen sich gerne mit Federn von Adlern und anderen großen Greifvögeln schmücken.

Einen Sonderstatus haben jagdbare Vögel. In diesem Buch sind das der Höckerschwan, Wildgänse, Wildenten, Säger und Möwen. Formalrechtlich darf nur der zuständige „Jagdausübungsberechtigte", das ist der Jäger, solche Tiere oder ihre Teile in Besitz nehmen. Wenn man das als Normalbürger tun möchte, benötigt man wieder eine Ausnahmegenehmigung, diesmal nach der Bundeswildschutzverordnung. Die Genehmigung wird von der zuständigen Jagdbehörde ausgestellt. Wer also am Ufer des Steinhuder Meeres die Armschwinge einer Graugans findet und diese rechtlich korrekt in Besitz nehmen möchte, der wird mit ziemlich viel Bürokratie konfrontiert.

Anstatt Federn dauerhaft in Besitz zu nehmen, kann man sie aber auch fotografieren. Am besten legt man sie dazu auf einen einheitlichen, neutral gefärbten Hintergrund, sodass sich helle Partien und Säume abheben. Man kann die Beleuchtung so wählen, dass Strukturfeinheiten besser herauskommen. Die Tafeln in diesem Buch sind mit einem Scanner unter Verwendung eines Abstandhalters hergestellt worden, sodass die Federn nicht platt gedrückt wurden, sondern plastisch wirken können – beinahe zum Anfassen.

Für das Führen der eigenen Federsammlung liegt dem Autor eine Ausnahmegenehmigung der Unteren Naturschutzbehörde des Landkreises Waldeck-Frankenberg vor.

Wie bewahrt man Federn auf?

Vogelfedern bestehen aus Keratin. Das ist ein sehr widerstandsfähiger, elastischer Eiweißstoff, den die Vögel selbst herstellen. Er ist verwandt, aber nicht identisch mit dem Keratin unserer Haare, Finger- und Zehennägel. Wir können ihn nicht verdauen und die meisten anderen Organismen auch nicht. Doch gibt

Ende der Pracht nach Milbenfraß: Von den meisten Federn aus dem Flügel der Spatelente blieben nur die Kiele übrig.

es einige Spezialisten, die dieses widerstandsfähige Proteinmaterial abbauen können. Teils tun sie das mithilfe von Mikroorganismen, die in ihrem Darm leben. Mottenlarven gehören zu den Nutzern des Keratins. Sie fressen Federn und leben davon. Es kann für aufbewahrte Federn dramatische Folgen haben, wenn sie für solche „Schmarotzer" zugänglich sind. Manchmal bleibt nach einiger Zeit nur der Kiel übrig. Man muss gesammelte Federn, um sie längere Zeit aufzubewahren, nicht unbedingt vergiften, aber möglichst

- trocken und unzugänglich aufbewahren, zum Beispiel in verschließbaren oder verschweißten Plastikbeuteln oder -hüllen; schon ein verschlossener Briefumschlag ist hilfreich;
- regelmäßig kontrollieren, ob sie noch in Ordnung und nicht befallen sind.

Wenn doch ein Zeichen von Befall auftritt (es kann sich auch um Federlinge, Käfer, Milben oder Pilze handeln), dann ist es nützlich, die Federn eine Zeit lang in der Tiefkühltruhe einzufrieren, unter Umständen zwei Mal nacheinander. Der Abwehr unerwünschter Mitnutzer an den Federn dienen auch im Handel erhältliche Produkte zur Mottenbekämpfung.

Nicht alles lässt sich bis zur Art bestimmen

Bei der Lachmöwe geht es noch am leichtesten. Die Federn sind relativ typisch, sowohl was die Handschwingen als auch was die Armschwingen und die Steuerfedern angeht. Lachmöwenfedern sind an größeren Binnengewässern häufig zu finden. Man kann sich gut in sie einsehen. Ähnlich ist es mit der Stockente. Die meisten ihrer Federn sind recht typisch, aber leider gilt dieses Prinzip nicht für alle Vögel an Binnengewässern. Es gibt zahlreiche Vogelgruppen, die mit mehreren ähnlichen Arten vertreten sind. Dazu gehören beispielsweise:

- Watvögel
- mittelgroße Enten
- Lappentaucher
- Rallen

Die Liste ließe sich noch erweitern. Bei manchen Funden wird man schon froh sein, wenn man sie bis zur Gattung bestimmen kann: zum Beispiel bei Ente, Lappentaucher oder Wasserläufer. Wenn das Material nicht reicht, überhaupt nicht zu den hier vorgestellten Arten passt oder nicht gut genug für eine Bestimmung erhalten ist, dann muss man es eventuell bei einem bescheidenen Ergebnis bewenden lassen. Man muss nicht unbedingt alles bis zur Art bestimmen. In manchen Fällen genügt es auch, die Federn später wieder zu betrachten, wenn man mehr Erfahrung gesammelt hat. Manchmal hilft auch ein anderer Tag mit anderem Licht. Und schließlich: Bei einem Beutel voll aufgesammelter Federn sollten immer etliche übrig bleiben, die man nicht selbst, sondern die nur ein Spezialist bestimmen kann.

Umgekehrt wird man bei einigen Vogelgruppen leicht mehr als die Art bestimmen können. Das ist dann möglich, wenn Männchen und Weibchen sehr verschiedenes Gefieder haben, Junge ein ganz anderes Kleid tragen als die Altvögel oder wenn sich das Prachtkleid sehr vom Schlichtkleid unterscheidet. Ausgeprägte Altersunterschiede bei Kleidern bestehen zum Beispiel bei Möwen. In solchen Fällen ist es hilfreich, ein normales Vogelbestimmungsbuch mit möglichst detaillierten Abbildungen zurate zu ziehen. Wer eine ihm unbekannte Feder ernsthaft bestimmen will, kann auch in einer Federsammlung oder in einer Balgsammlung eines Museums zum Ergebnis kommen.

Zum Gebrauch des Buches

In diesem Buch werden die typischen Federn nach dem Vorbild eines klassischen Feldführers jeweils auf einer Tafel pro Art vereint. Die nahe verwandten Arten werden, wenn möglich, zusammen gruppiert. Auf verwechselbare Arten wird im begleitenden Text eingegangen. So wird man beim Austernfischer den Hinweis finden, dass es Schwanzfedern mit schwarzer Endbinde auch noch bei der Uferschnepfe, beim Kiebitz, bei jungen Lach- und Zwergmöwen sowie – in größerer Ausführung – bei der Brandgans und bei jungen Großmöwen gibt. Diese Federn haben zwar als gemeinsames Merkmal die besagte dunkle Endbinde, doch unterscheiden sie sich im Einzelnen durch ihre Größe und Form, die Ausbildung der Binde und die weitere Färbung der

Feder. Manche dieser Merkmale werden nicht im Text beschrieben, sondern sind allein in den Abbildungen ersichtlich. Pro Art oder Kleid werden in der Regel sieben verschiedene Federn abgebildet (s. S. 21). Das macht dann für das ganze Buch bei 69 Arten immerhin fast 500 verschiedene Federn aus.

Teile einer Vogelfeder am Beispiel der Handschwinge eines Großen Brachvogels.

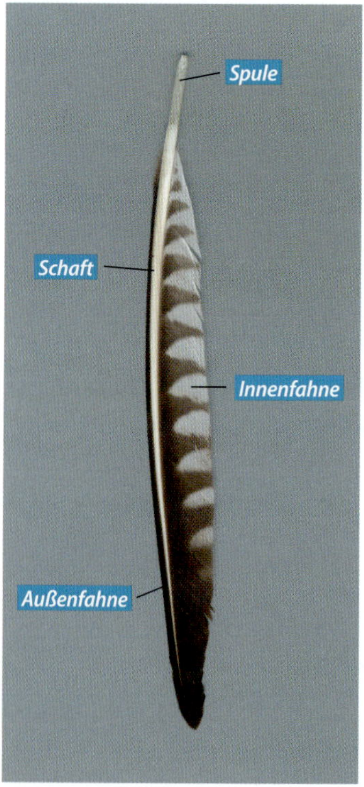

Gefundene Einzelfedern zu bestimmen, ist oft schwer oder unmöglich. Ein leichteres Spiel hat derjenige, der die Federn eines Vogels noch im Zusammenhang auffindet, zum Beispiel in einer Rupfung oder als ganzen Flügel. Dann weiß er schon, dass diese Federn zusammengehören, und kann sie leichter auf der zugehörigen Tafel finden. Eines sollte man dabei berücksichtigen: Im Verband des Flügels wirkt die Feder anders, als wenn man sie einzeln findet.

Ansonsten wird man sich anhand der Tafeln allmählich selbst schulen, und wenn man die ersten Federfunde bestimmt hat, wächst der eigene Erfahrungsschatz stetig an und es fällt leichter, die häufigen Federn zu erkennen. Ist man erst einmal geübt, kann man schwierigere Probleme in Angriff nehmen. Die Freude am Sammeln und Bestimmen und die Neugier auf neue Federn sollte man sich dabei nicht nehmen lassen.

Die Artentexte gehen über die Kommentare zu den Abbildungen hinaus. Sie enthalten u. a. weitere Bemerkungen zur Gestalt und den Färbungsmustern der Federn. Man braucht diese Informationen, weil zu jeder Vogelart nur einige ausgewählte, möglichst typische Federn abgebildet sind. Besonders die Federn von Jugendkleidern und die Geschlechterunterschiede sind nicht oder nur beispielhaft in den Abbildungen dargestellt. Zusätzliche Informationen im Text betreffen die Art des Vorkommens der Vögel: Sind sie Brutvögel, Sommergäste, Durchzügler oder Jahresvögel? Mausern sie das Großgefieder an unseren Binnengewässern? Dies muss man wissen, um zu verstehen, in welcher Häufigkeit welche Federn am Ufer eines Sees oder in einem Feuchtgebiet am Fluss zu finden sind.

Die Texte sind anhand von Federsammlungen geschrieben worden, in denen die Federn in der richtigen Reihenfolge nebeneinander angeordnet sind. So lassen sich Änderungen im Färbungsmuster innerhalb der Armschwingen, Handschwingen oder Schwanzfedern zusammenhängend darstellen. Die gefundene Einzelfeder muss gedanklich in eine solche Variationsreihe eingeordnet werden.

Im anschließenden speziellen Teil dieses Buches sind die Federn sowohl im Text beschrieben als auch auf Abbildungstafeln dargestellt. Auf jeder Tafel sieht man in der Regel eine Reihe von untereinander angeordneten Flügelfedern und daneben zwei senkrecht dazu angeordnete Schwanzfedern. Meist stammen die Federn von einem einzigen Vogelindividuum. In einigen Fällen sind Federn verschiedener Individuen auf einer Tafel zusammengestellt, beispielsweise solche eines Jung- und eines Altvogels. Dazu sind die einzelnen Federn auf der Tafel gekennzeichnet, zum Beispiel mit „alt“ oder „jung“. Die Flügelfedern sind im Allgemeinen entsprechend ihrer natürlichen Anordnung im Flügel von außen nach innen untereinander aufgereiht. Gezählt werden die Handschwingen jedoch in umgekehrter Reihenfolge von innen nach außen. Die Armschwingen werden vom Handgelenk aus nach innen gezählt. Auf den Tafeln sieht man in der Regel von oben nach unten folgende Federn:

1. Handschwinge 10: meist die äußerste und eine der längsten im Handflügel. Bei Singvögeln ist sie reduziert, manchmal winzig.
2. Handschwinge 1: meist die innerste und kürzeste im Handflügel.
3. Armschwinge 1: die äußerste Armschwinge, im Flügel der innersten Handschwinge unmittelbar benachbart.
4. Armschwinge aus dem inneren Armflügel, z. B. Nr. 10;
5. Schirmfeder, noch weiter innen (am Ellenbogen) angesetzt.

Die dargestellten Federn sind dementsprechend mit Abkürzung beschriftet (Abkürzungsverzeichnis S. 119). Die Zählung der Schwingen an Hand und Arm ist im Glossar (S. 189 und 190) erklärt.

Die Zahl der Steuerfedern liegt meist bei sechs auf jeder Seite, in manchen Fällen erreicht sie auch sieben, acht oder mehr. Bei den Steuerfedern sind meist die innerste (St1) und die äußerste dargestellt. Bei spitzschwänzigen Arten wie der Spießente ist die innerste die längste, bei den Seeschwalben mit ihren gegabelten Schwänzen sind jeweils die äußersten Steuerfedern am längsten.

In manchen Fällen wird von der beschriebenen Auswahl und Anordnung der Federn abgewichen. Das gilt dann, wenn entweder die gewünschten Federn in den Sammlungen nicht oder nicht in geeigneter Qualität verfügbar waren oder wenn sie zu groß waren und nicht in das Format passten, in dem die Tafeln hergestellt wurden. Beim Höckerschwan, dessen sehr große weiße Federn relativ leicht zu erkennen sind, wurden einige spezielle Federtypen ausgewählt. Alle Abweichungen sind aus der Beschriftung der Tafeln beziehungsweise aus den begleitenden Artentexten zu ersehen.

Bei vielen Wasservögeln, besonders bei Lappentauchern und Enten, sind die Handschwingen auffallend gewölbt, das heißt, die Oberseite ist konvex und die Unterseite entsprechend konkav. In einer Federsammlung, in der die Federn auf Papier oder Pappe fixiert werden, muss man diese Wölbung im Allgemeinen durch Biegen oder Knicken der Feder unterdrücken. In den Abbildungen kommt die Wölbung deswegen oft nicht so deutlich heraus, wie sie in der Natur vorgegeben ist.

Beim Vergleichen der gefundenen Federn mit den Abbildungen im Buch muss man unbedingt den Maßstab beachten, der in jeder Abbildung angegeben ist. Ein Maßstab gilt immer für sämtliche in einer Abbildung dargestellten Federn.

Der Vogelflügel

Während der Vogelschwanz aus einer kleinen Zahl meist recht einheitlich geformter Federn besteht, ist der Flügel ein kompliziert zusammengesetztes Gebilde mit vielen Federtypen. In einer vollständigen Rupfung oder an einem kompletten Flügel ist man mit diesen zahlreichen Federformen konfrontiert, die hier deswegen kurz besprochen und gezeigt werden.

Beim **Singvogel** ist der Flügel nach einem recht einheitlichen System aufgebaut. Der Handflügel enthält durchweg zehn Handschwingen. Meist sind nur die neun inneren von ihnen in vollständiger Länge ausgebildet. Die zehnte Handschwinge, das

Großgefieder und Decken eines Singvogels am Beispiel eines männlichen Grünfinken (Chloris chloris). HD Große Obere Handdecken, AD Große Obere Armdecken, OSD Oberschwanzdecke, USD Unterschwanzdecke, K Karpaldecke, Sch Schirmfedern (3). Das Originalformat der Abbildung ist DIN A4.

heißt die äußerste, ist meist sehr kurz, im Extremfall nur einige Millimeter lang und dann völlig von der benachbarten oberen Flügeldecke verdeckt. Diesen beiden Federchen kann nur eine Stützfunktion für die Handflügelspitze zukommen. Selbst in einer sonst vollständigen Rupfung wird man sie nur selten finden. Auch beim kompletten Flügel kann man sie leicht übersehen. Die Großen Oberen Handdecken sind zwar relativ klein, aber an ihrer Form und den langen Spulen leicht zu erkennen. Die Spulen fügen sich von oben her in die Lücken zwischen den Spulen der Handschwingen ein. Der Handflügel endet nach innen hin mit der Handschwinge Nummer 1. Diese trägt als einzige bereits eine Decke vom Typus der Großen Oberen Armdecken, nur in etwas kleinerer Form. Diese Decke wird nach ihrer Lage auf dem Handgelenk (Karpalgelenk) Karpaldecke genannt. Sie weist schräg nach außen, kann also die Spulen der benachbarten Handdecken und Handschwingen abdecken. Vorn am Flügelbug liegen noch die drei bis vier kurzen und spitzen Federn der Alula, die man auch Daumenfittich nennt.

Die Zahl der Armschwingen beträgt durchweg neun, bei wenigen Singvogelgruppen kommt eine kleine 10. hinzu. Die körpernahen Armschwingen 7 bis 9 werden Schirmfedern genannt, weil sie den geschlossenen Flügel von oben her abdecken. Sie sind meist symmetrisch geformt, das heißt, man kann Innen- und Außenfahne nicht leicht unterscheiden. Sie haben oft eine abweichende Farbgebung. Bei Stelzen, Piepern und Lerchen ist besonders die 7. Armschwinge bedeutend verlängert und ragt auffallend aus dem isolierten geöffneten Armflügel heraus. Der Flügel endet zum Körper hin mit einer zusätzlichen kleinen 10. (oder 11.) Großen Oberen Armdecke, die besonders flach geformt ist. Daran schließen sich Federn an, die am Oberarm befestigt sind und die Lücke zwischen Armflügel und Körper füllen.

Bei **Nichtsingvögeln** sind die Verhältnisse im Detail etwas verschieden. Die Zahl der ausgebildeten Handschwingen beträgt meist zehn, bei einigen Gruppen aber auch elf bis zwölf. An der Flügelspitze, wo bei Singvögeln die kleine Handschwinge 10 und eine kleine Decke stehen, findet man bei Nichtsingvögeln nur eine einzige verkürzte und sehr steife spitze Feder („Malerfeder“), der wohl auch eine Stabilisierungsfunktion für die Flügelspitze zukommt. Sie wird von der Flügelunterseite her durch die äußerste, sehr schmale und zugespitzte Untere Handdecke gestützt. Ihrer Lage, Gestalt und Färbung zufolge handelt es sich um eine Decke und nicht, wie vielfach angenommen wird, um eine verkürzte Handschwinge. Der übrige Handflügel ist weitgehend wie bei den Singvögeln aufgebaut, einschließlich der Karpaldecke. Zusätzlich steht auf der Gelenkseite der innersten Handschwinge eine verkleinerte, meist dunig ausgebildete Obere Handdecke, die man leicht übersehen kann.

Die Zahl der Armschwingen ist fast durchweg größer als bei Singvögeln und variiert stark, in Abhängigkeit von der Länge des Unterarms. Selbst innerhalb einer Art ist sie nicht konstant. Hinzu kommt, dass die Schwingen und auch die zugehörigen Decken bei vielen Arten zum Ellenbogen hin allmählich kleiner werden, sodass man schließlich nicht mehr sicher unterscheiden kann, ob es sich noch um Schwingen oder nur um zusätzliche Decken handelt. Die Zahl der Armschwingen kann zwanzig und mehr erreichen. Besonders bei Limikolen (Watvögeln) sind die Ellenbogenfedern teilweise als Schirmfedern stark verlängert. Darauf folgen Oberarmfedern und Schulterfedern.

Großgefieder und Decken eines Nichtsingvogels am Beispiel einer weiblichen Pfeif-ente (Anas penelope). HD Große Obere Handdecken, AD Große Obere Armdecken,

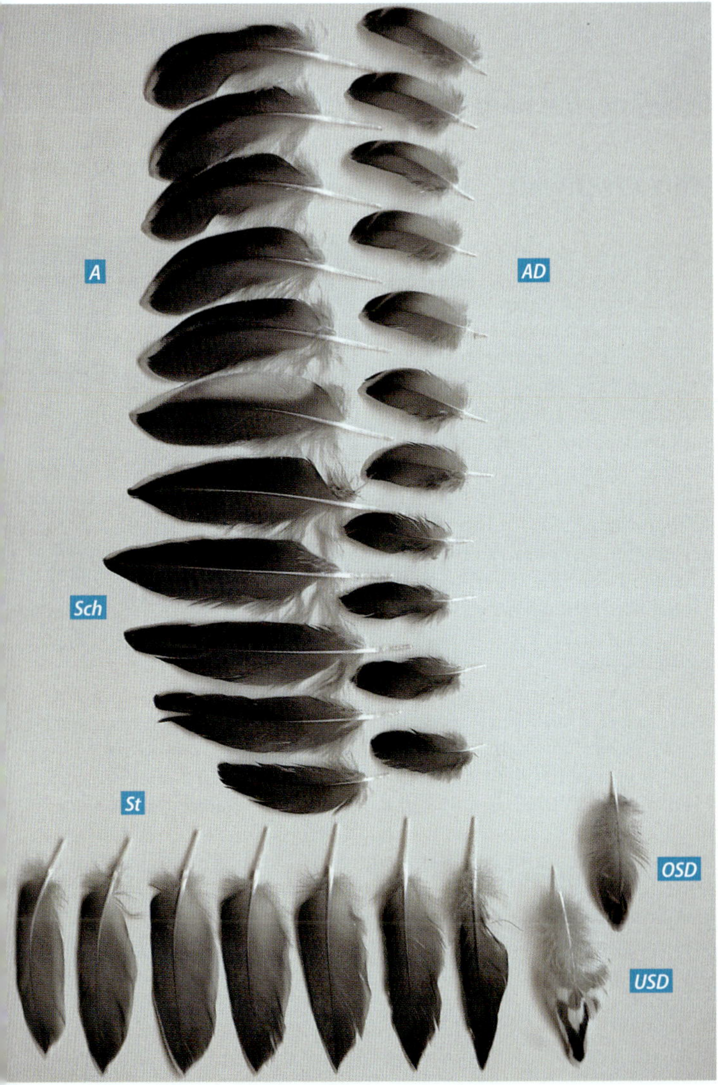

OSD Oberschwanzdecke, USD Unterschwanzdecke, K Karpaldecke, Sch Schirmfedern (4–5). Das Originalformat der Abbildungen ist jeweils DIN A3.

Familie Anatidae – Schwäne, Gänse, Enten

Schwäne, Gattung *Cygnus*

Höckerschwan *Cygnus olor*

Groß und weiß – so sind auch die Federn.

Federmerkmale: Höckerschwanfedern sind reinweiß und sehr groß. Die Schwingen sind, ebenso wie bei anderen Entenvögeln, in Längsrichtung deutlich gewölbt. Der Schwanz ist in Ruhehaltung verlängert und spitz, entsprechend sind auch die einzelnen Schwanzfedern zugespitzt, besonders die mittleren 1 bis 5. Die Mittleren sind außerdem entschieden länger als die Äußeren; die Außensteuerfedern sind auch schmaler und deutlich nach innen gebogen. Altvögel können auf jeder Seite 10 bis 11 Schwanzfedern haben, also insgesamt 20 oder 22, eventuell sogar 24. Sie variieren zwischen 14 und 24 cm Länge, die Mittleren sind am längsten.

Jungvögel sind anfänglich meist fleckig hellbraun bis graubraun marmoriert. Das betrifft die Schwingen ebenso wie die Steuerfedern – diese mit weißer Basis – und das Kleingefieder; nur die Körperunterseite ist von Anfang an weiß. Das Kleingefieder wird noch im ersten Herbst und Winter in ein vollständig weißes Gefieder gemausert. Jungtiere einer bestimmten Mutation (*immutabilis*) sind jedoch bereits im ersten vollständigen Federkleid weiß. Die Pigmentierungsunterschiede der beiden Färbungstypen erkennt man zeitlebens an der hellen oder dunklen Färbung der Füße. Die Jungen anderer Schwanarten sind im Jugendkleid stets graubraun. Sie mausern dann ebenfalls in ein weißes Alterskleid.

Vorkommen und Mauser: Der Höckerschwan ist unser größter Wasservogel. Teilweise wird der Schwan ganzjährig in Parks als Ziervogel gehalten. Er brütet verbreitet im Binnenland an Stillgewässern aller Art und mausert dort auch. Bei Überlandflügen sind die Vögel durch Anflug an Stromleitungen gefährdet. Die Flügelmauser erfasst so viele Federn auf einmal, dass die Altvögel im Sommer eine Zeit lang nicht fliegen können.

Ähnliche Arten: In den großen Flusslandschaften und anderswo in Norddeutschland findet man zeitweise Federn von Sing- und Zwergschwänen. Diese sind aber nicht leicht zu bestimmen, da sie ebenfalls weiß und im Vergleich zum Höckerschwan nur wenig kleiner (Zwergschwan) oder gleichgroß (Singschwan) sind. Diese beiden Arten haben keine spitzen, sondern mehr gerundete Schwänze, beim Zwergschwan sogar leicht eingebuchtet. Aus Westeuropa wandern entlang der Küste zwei weitere Arten mit deutlich kleineren und weniger gewölbten weißen Schwingen ein: Seidenreiher und Löffler. Zusätzlich breitet sich der große Silberreiher von Osten und Westen her aus, besonders als Wintergast. Die Schwanzfedern des Höckerschwans sind nicht so scharf zugespitzt und nicht so steif wie die des Basstölpels im Alterskleid. Außerdem erkennt man die Federn des Basstölpels am strengen Geruch.

Tafel Seite 120

Feldgänse, Gattung *Anser*

Während die Schwingen der Feldgänse dunkelbraun sind, erkennt man Meeresgänse an der schwarzbraunen Färbung ihrer Schwingen. Von diesen tritt im Binnenland aber fast nur die Kanadagans auf, die ausschließlich lokal vorkommt und daher hier nicht behandelt wird. Die Federn der verschiedenen Arten von Feldgänsen sind schwer zu unterscheiden, zumal man sie selten findet und dann allenfalls nur einen vom Fuchs verschleppten Flügel oder einen Teil davon. Es gibt bei jeder Art erhebliche Variationen von Größe und Färbung in Abhängigkeit von Geschlecht und Alter. Für die sichere Bestimmung ist es sehr wichtig, dass man den Kopf, den Schnabel und die Farbe der Füße kennt. Hierzu muss man die im Bestimmungsbuch beschriebenen Merkmale berücksichtigen.

Die Mauser der meisten Flügelfedern findet bei den arktisch brütenden Arten im hohen Norden statt, nur die Steuerfedern werden später ausgetauscht. Diese lassen sich auch leichter zuordnen. Während sie bei den Meeresgänsen einheitlich schwarz sind, fallen sie bei den Feldgänsen durch eine braune Basis und einen mehr oder weniger ausgeprägten weißen Endsaum auf. Der weiße Anteil ist bei der Saatgans und bei der Blässgans relativ schmal, bei der Graugans und bei der Kurzschnabelgans (*Anser brachyrhynchus*) jedoch breit und nimmt nach außen hin deutlich zu.

Saatgans *Anser fabalis*

Man unterscheidet heute zwei Formen, denen vielleicht Artrang gebührt: die seltenere, größere Waldsaatgans (A. *[fabalis] fabalis*) und die häufige, kleinere Tundrasaatgans (*A.[fabalis] rossicus*). Hier werden beide zusammenfassend als Saatgans behandelt.

Dunkler Kopf, ungezeichnete Unterseite.

Federmerkmale: Die Handschwingen sind dunkelbraun mit einem schwachen Grauton auf den Innenfahnen, der sich zu den äußeren Schwingen etwas ausbreitet. Die 7. bis 10. Handschwinge weisen gegen die Spitze hin eine Verengung der Außenfahne auf, eine Verengung der Innenfahne ist nur bei der 9. und 10. sichtbar. Der Schaft hebt sich fast durchweg weiß ab und verdunkelt sich erst gegen die Federspitze hin. Der Glanzstreif auf der Federunterseite ist kräftig ausgebildet. Die Armschwingen sind ebenfalls dunkelbraun, ein Glanzstreif ist nur wenige Millimeter breit beidseitig des Schaftes entwickelt. Von außen nach innen hin werden die Federn symmetrischer, die seitliche Biegung zur Innenfahne hin schwächt sich ab und wird bei den etwas verlängerten Schirmfedern zu einer Biegung in der Gegenrichtung. Nur die Schirmfedern haben einen hellen gelbbräunlichen Saum an der Außenfahne. Die (14) 16 bis 18 Steuerfedern erreichen eine maximale Länge von 12 bis 16,6 cm. Sie sind weitgehend dunkelbraun gefärbt, abgesehen von einem etwa 1 cm breiten weißen Spitzenfeld, das sich als schmaler Saum den Rand von Außen- und Innenfahne entlang fortsetzt. Die Schäfte sind an der Basis weiß, nach der Hälfte der Feder verdunkeln sie sich, um sich dann in der weißen Federspitze wieder aufzuhellen.

Vorkommen und Mauser: Saatgänse verteilen sich in einer Reihe von geografischen Formen als Brutvögel von Skandinavien über den Norden Russlands bis an den Pazifik. Tundra- und Waldsaatgänse überwintern in Europa, die Mehrzahl in Mittel- und Westeuropa.

Linke Hälfte der Schwanzfedern einer Tundrasaatgans. Die Federn haben mehr Pigment als die der Graugans.

Sie haben, wenn sie im Herbst ins Überwinterungsgebiet gelangen, die Flügelmauser schon abgeschlossen. Allenfalls werden noch Schirm- und Schulterfedern gemausert, dazu das Kleingefieder und die Steuerfedern.

Ähnliche Arten: Die Federn der anderen Feldgänse sind sehr ähnlich, die der Blässgans sind durchschnittlich kleiner.

Tafel Seite 121

Blässgans *Anser albifrons*

Federmerkmale: Blässgänse sind kleiner als Grau- und Saatgänse. Die entsprechenden Federn sind daher auch meist kleiner, wobei die individuelle Variation und die Tatsache zu beachten sind, dass die Ganter größer sind als die weiblichen Blässgänse. Bei den äußeren Handschwingen ist das basale Drittel der Innenfahnen dunkelgraubraun, die Federspitzen schwarzbraun. Die zugehörigen Oberen Handdecken sind ebenfalls gedeckt bräunlich grau. Wie bei allen Feldgänsen sind die Schäfte von der Basis her hell elfenbeinfarben und verdunkeln sich erst in der Federspitze. Die Steuerfedern, 16 bis 18 an der Zahl, sind recht gedrungen, die inneren beinahe oval, die äußeren schmaler und

Altvögel mit Tigerzeichnung der Unterseite.

stärker asymmetrisch sowie einwärtsgebogen. Sie sind graubraun gefärbt mit einem bei Jungvögeln etwa 2 cm breiten, verschwommenen cremefarbenen Endband, das auch die Außenfahne als schmaler Randsaum begleitet. Der Schaft ist von der Basis her bis zur Federmitte hell, verdunkelt sich dann, um sich im Endband wieder aufzuhellen. Bei Altvögeln nimmt der Weißanteil bei den äußeren Steuerfedern zu, erreicht aber nicht das Ausmaß, wie man es bei der Graugans und der Kurzschnabelgans findet. Im Kleingefieder fallen bei Altvögeln an der Unterseite mattschwarze Deckfedern auf, die die schwarze Quermusterung bilden (auch bei der Zwerggans, seltener bei der Graugans). Auf dem Rücken und in den Schulterfedern gibt es nur schwache beigefarbene Endsäume. Mittelgroße Deckfedern mit breiten hellen Säumen kommen von der Flanke. Die Deckfedern im Oberflügel, auf dem Rücken und an der Flanke sind bei Jungvögeln gerundet und besitzen einen schmalen hellen Endsaum. Bei Altvögeln sind sie – wie bei anderen Feldgänsen – eher eckig geformt und der Endsaum ist breit. Da das Kleingefieder der Jungen im ersten Winter gemausert wird, verschwinden diese Unterschiede im Lauf des Frühjahrs.

Vorkommen und Mauser: Wie andere arktisch brütende Gänse beginnen auch Blässgänse noch im Brutgebiet mit der Schwingenmauser, sobald ihre Jungen geschlüpft sind. Die Altvögel werfen ihre Schwingen ziemlich synchron ab. Das hat zur Folge, dass sie drei bis vier Wochen lang flugunfähig sind. Bald nachdem sie wieder fliegen können, ziehen sie mit den inzwischen flüggen Jungen aus ihren arktischen Brut- und Mausergebieten in Richtung ihrer Überwinterungsgebiete ab. Bei uns halten sich die überwinternden Scharen von Oktober bis April vor allem in großen Grünlandgebieten der norddeutschen Küsten- und Flusslandschaften auf, auch in den Beneluxländern. Hier wird von den Altvögeln noch restliches Kleingefieder erneuert, die Jungvögel mausern ihr Kleingefieder den Winter über. Die Steuerfedern werden nicht mit den Schwingen, sondern mit dem Kleingefieder ausgetauscht. Man wird hierzulande also nur im Einzelfall eine Hand- oder Armschwinge finden, allenfalls Gefieder eines durch Beutegreifer, Unfall oder Bejagung umgekommenen Vogels.

Schwanzfedern einer Blässgans: Jungvogel.

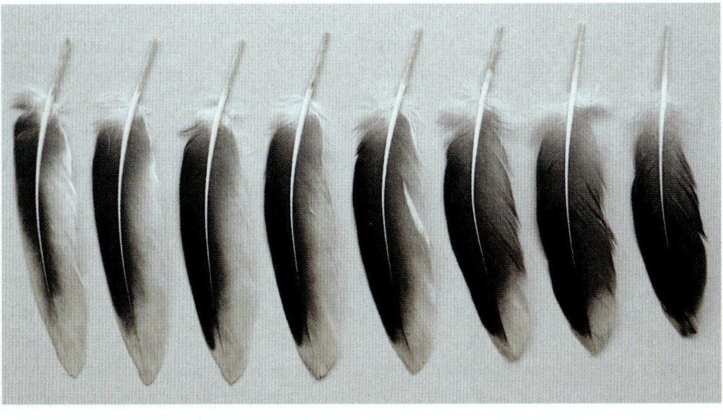

Schwanzfedern einer Blässgans: Altvogel.

Ähnliche Arten: Die Federn von Weißwangen- und Ringelgans sind kleiner und einheitlich grauschwarz, die der Kanadagans ebenfalls einfarbig dunkel und größer. Die der anderen Feldgänse wie Saatgans und Graugans sind größer. Die Steuerfedern der Blässgans haben viel weniger randliches Weiß als die der Graugans und sind kleiner als bei dieser.

Tafel Seite 122

Graugans *Anser anser*

Flügelmauser, sobald die Jungen da sind.

Federmerkmale: Während die inneren Handschwingen und die Armschwingen dunkelbraun sind, weisen die äußeren Handschwingen eine mehr graubraune Färbung auf. Das artspezifische Grau oder Hellgrau ist in den Alulafedern, den Großen Oberen Handdecken und den weiteren oberen Flügeldecken noch deutlicher. Bei allen äußeren Schwingen sind die Kiele fast bis zur Spitze kontrastierend hell. Die inneren Armschwingen und die kaum verlängerten Schirmfedern weisen beiderseits einen 2 mm breiten hellen Saum auf. Die Kiele sind auch hier hell und färben sich erst zur Spitze hin allmählich braun. Einschließlich der Schirmfedern kann man etwa 17 Armschwingen zählen. Die Großen Oberen Armdecken haben helle Endsäume von etwa 3 mm Breite.

Die 16 bis 18 Steuerfedern (längste 13 bis 18 cm) sind meist deutlich größer als die der Blässgans (längste 12 bis 15 cm). Die Fahnen sind mittelbraun bis sepiafarben, tragen jedoch einen bis 3 cm breiten hellen Endsaum, der sich in die Innenfahne hineinzieht und die Außenfahne als schmaler werdender Rand begleitet. Der helle Saum prägt sich bei den äußeren Steuerfedern noch stärker aus, die äußerste (8. oder 9.) kann fast ganz weiß sein. Die Schäfte sind ebenfalls weitgehend hell. Gemauserte Steuerfedern zeigen oft deutliche Zeichen von Abnutzung. Die typischen großen Körperdecken von der Flanke sind sepiafarben, werden zur Spitze hin dunkelbraun, enden aber in einem mehrere Millimeter breiten beigefarbenen Saum.

Vorkommen und Mauser: An den Küsten wie im Binnenland ist die Graugans bei uns Brut- und Sommervogel. Besonders in wieder angesiedelten Populationen fällt das Zugverhalten aus, teilweise sind die Vögel futterzahm. Graugansfedern sind mindestens lokal die häufigsten Gänsefedern an den größeren Gewässern. Die synchrone Flügelmauser setzt bei Brutvögeln spätestens ab Ende Juli ein, sodass die Eltern mit ihren Nachkommen gleichzeitig flügge werden.

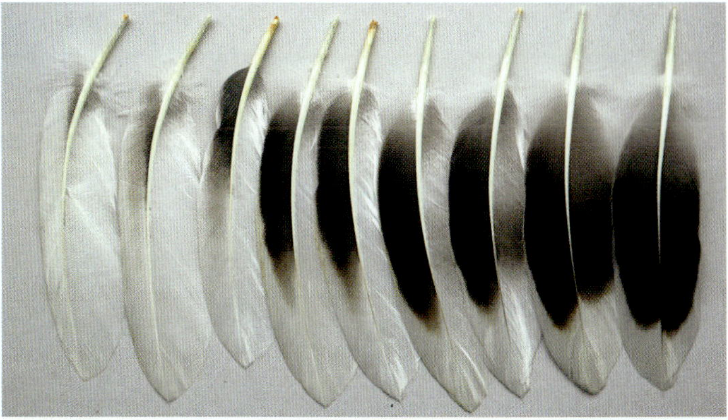

Linke Hälfte der Schwanzfedern einer Graugans. Der Vogel hat je Hälfte acht Federn. Auffallend bei dieser Art ist das viele Weiß.

Im Herbst und bis in die Mitte des Winters kann man gemauserte Steuerfedern finden.

Ähnliche Arten: Verwechslungen mit den entsprechenden Federn der etwas kleineren Blässgänse und Kurzschnabelgänse sind möglich, doch mausern diese die Flügel in ihren arktischen Brutgebieten. Immerhin findet man im Überwinterungsgebiet gemausertes Kleingefieder und Steuerfedern.

Tafel Seite 123

Nilgans *Alopochen aegyptiaca*

Federmerkmale: Das bunte Gefieder mit einem Armflügelspiegel zeigt die Verwandtschaft dieser „Halbgans" mit den Enten. Die Handschwingen sind schwarz. Die Alulaschwingen sind relativ breit und ebenfalls schwarz. Die Armschwingen sind gleichfalls schwarz mit hellen Spulen. Ihre Außenfahnen tragen jedoch einen dunkelgrün oder purpurn schim-

Flügelspiegel als typisches Entenmerkmal.

mernden Spiegel, der zur Spitze hin ausläuft und unten über der Fahnenbasis klar abgegrenzt ist. Die größte Schirmfeder ist mit etwa 5 cm sehr breit, die Spiegelzone der Außenfahne ist bei ihr mattbraun mit schmalem schwarzem Rand, die Innenfahne schwarz. Auffallend sind die Großen Oberen Armdecken. Sie tragen vor dem Ende ein wenige Millimeter breites schwarzes Querband, sind im Übrigen bei Altvögeln weiß, bei Jungvögeln hellgrau. Die 14 Schwanzfedern sind schwarz und zwischen 11 und 14 cm lang.

Vorkommen und Mauser: Nilgänse breiten sich gegenwärtig als Neozoen von Holland her kommend rasant in Mitteleuropa aus. Man kann sie als Brutpaare an vielen binnenländischen Still- und Fließgewässern antreffen; im Winter finden sie sich zu größeren Scharen zusammen. Die Jungvögel mausern nach dem Flüggewerden in einer Teilmauser das Kleingefieder sowie die Steuer- und Schirmfedern. Die Altvögel mausern nach dem Aufziehen der Jungen vollständig und werfen synchron die Schwingen ab. Da sie als Weidegänger Grünland nahe dem Wasser aufsuchen, kann man dort ihre Mauserfedern finden.

Ähnliche Arten: Im Gegensatz zur Brandgans sind sowohl die Hand- als auch die Armschwingen der Nilgans durchgehend dunkel und ohne basale Aufhellung. Auch die Steuerfedern sind ganz schwarz, allenfalls mit einem aufgehellten Endsaum.

Tafel Seite 124

Brandgans *Tadorna tadorna*

Eine Ente mit ganzjährig buntem Kleid.

Federmerkmale: Die Handschwingen von Brandgänsen, auch Brandenten genannt, sind mattschwarz, aber sie haben beim Männchen eine helle, beim Weibchen eine leuchtend weiße Basis. Der Schaft spiegelt die Färbungsverhältnisse der Fahnen wider. Auf der Unterseite der Schwingen hebt sich auf beiden Seiten des Schaftes ein Glanzstreif ab. Die Armschwingen sind ebenfalls dunkel, jedoch besonders an der Basis und ausgedehnter an der Innenfahne als an der Außenfahne weiß. An der Spitze warten sie selbst bei Altvögeln häufig mit einem schmalen weißen Endsaum auf, der bei den Weibchen 1 bis 3 mm, bei den Männchen nur etwa 1 mm breit ist oder ganz fehlt. Die Außenfahnen tragen bis zum Rand einen grünlichen Glanz und bilden einen ententypischen Spiegel. Die längsten der Schirmfedern (13–15) ersetzen als Einzige den grünlichen Spiegelglanz der Außenfahne durch ein lebhaftes Braun, das durch einen dunkelgrauen Saum zum Schaft hin begrenzt sein kann. Die Innenfahne dieser Federn ist weiß. Sie sind die auffälligsten im Flügel der Brandgans. Man findet sie das ganze Jahr über ziemlich häufig, weil sie auch außerhalb der Großgefiedermauser ersetzt werden. Bei den folgenden kürzeren Schirmfedern besteht nur ein schmaler dunkelgrauer Saum an der Außenfahne, sonst sind sie weiß. Die 14 recht breiten Steuerfedern sind weiß, tragen aber bei Altvögeln einen 1 bis 2 cm breiten, geschwungenen schwarzen Endsaum, der sich bei den Steuerfedern 5 und 6 stark abschwächt und bei der 7. in der Regel ganz fehlt.

Bei den Jungvögeln weisen die vier bis fünf inneren Hand- und sämtliche Armschwingen mit Ausnahme der Schirmfedern einen mindestens 1 cm breiten weißen Endsaum auf. Beim jungen Weibchen fehlt den Armschwingen in den Außenfahnen der grünliche, ententypische Glanz des Spiegels, bei den Männchen ist er schwach entwickelt. Die Schirmfedern weisen weniger Braun und stattdessen viel Grau auf. Die mittleren Steuerfedern sind graubraun mit weißer Basis und mattgelblicher Spitze, die äußeren mit immer mehr Weiß, die 7. ist ganz weiß.

Vorkommen und Mauser: Brandgänse sind Jahresvögel und Teilzieher an unseren Küsten und brüten in Höhlen, sowohl auf den Inseln als auch auf dem küstennahen Festland. Sie sind zudem schon erfolgreich entlang der großen Flüsse ins Binnenland vorgedrungen – sogar bis in die Schweiz. Nach der Brutzeit ziehen sie ins Wattenmeer nördlich der Elbemündung und wechseln dort die Schwingen. Man kann die weitgehend schwarzen Schwingen der Altvögel gut von den meisten Armschwingen und den inneren Handschwingen der vorjährigen Jungvögel unterscheiden, die an der Spitze breit weiß gesäumt sind. Auf Rastplätzen im Grünland hinterlassen sie Federn des Kleingefieders, manchmal auch Schwanzfedern.

Ähnliche Arten: Im Unterschied zu den verwandten Arten sind bei Brandgänsen im Alterskleid die Steuerfedern weiß mit einer schwarzen Endbinde, die sich bei den Außensteuerfedern noch abschwächt. Bei Nil- und Rostgans sind sie schwarz. Die Handschwingen der

Brandgans weisen eine basale Aufhellung auf; bei den Armschwingen wird diese zu einem weißen Feld, das sich zur Schulter hin auf die gesamte Innenfahne ausdehnt.

Tafel Seite 125

Rostgans *Tadorna ferruginea*

Rostfarbig, mit der Brandgans verwandt.

Federmerkmale: Die Handschwingen der Rostgans, auch Rostkasarka genannt, sind vollständig schwarz mit einer schwachen grauen Aufhellung an der Basis der Innenfahne. Nur die innersten Handschwingen tragen einen hellen Endsaum wie die Armschwingen. Die 13 äußeren Armschwingen sind denjenigen der Brandgans sehr ähnlich, aber mit 13 bis 17 cm Länge etwas größer. Der grünlich glänzende Spiegel lässt manchmal einen schwarzen Außensaum von einigen Millimetern frei. Die Federspitze wird durch einen feinen hellen Endsaum markiert. Der Basis der Außenfahne fehlt ein weißes Feld. Die nach innen anschließenden vier Schirmfedern haben eine braune Außenfahne mit braungrauer Basis und cremefarbener Spitze; die Innenfahne ist grau. Die Auffälligste von ihnen hat eine breite Außenfahne mit heller Spitzenzone. Bei den Steuerfedern ergibt sich der deutlichste Unterschied zur Brandgans. Sie sind schwarzbraun, am Ende zugespitzt und weisen einen beigefarbenen Endsaum auf.

Vorkommen und Mauser: Die Rostgans ist zwar ein alter asiatisch-südeuropäischer Brutvogel, hat sich aber in neuerer Zeit vorwiegend von den Niederlanden her in Mitteleuropa bis hin zur Schweiz ausgebreitet. Die Quelle dieser Ausbreitung stellen wohl Vögel dar, die aus menschlicher Obhut entlassen worden oder entkommen sind. Im Winter kann man sie am Niederrhein in großen Scharen antreffen. Die Vollmauser nach der Brut verläuft entenartig und nicht wie bei Gänsen. Sie beginnt mit dem Körpergefieder, dann werden recht synchron die Hand- und Armschwingen abgeworfen, sodass die Vögel einige Wochen lang flugunfähig sind. Danach folgen die Steuerfedern. Ab Wintermitte mausern sie wieder ins Prachtkleid, das sich allerdings nur wenig vom Schlichtkleid unterscheidet.

Ähnliche Arten: Die Armschwingen der Rostgans sind denen der Brandgans ähnlich, jedoch größer und an der Basis der Außenfahne ohne Weiß. Im Unterschied zur Brandgans sind die Steuerfedern fast völlig dunkel und zugespitzt.

Tafel Seite 126

Mandarinente *Aix galericulata*

10. Armschwinge Segel des Prachtkleids.

Federmerkmale: Während das Weibchen insgesamt recht schlicht und grau gefärbt ist, wartet das Männchen die meiste Zeit des Jahres mit einem äußerst bunten Prachtkleid auf. Die Handschwingen sind allerdings recht schlicht graubraun, zur Spitze hin schwarzbraun mit blaugrünem Glanz. Die Schäfte setzen sich dunkelbraun von den Fahnen ab. Mit der 2. beginnend tragen sie an den Außenfahnen einen mattsilbernen, einige Millimeter breiten Saum, der sich jedoch bei den inneren und bei der 10. Handschwinge auf die Spitzenregion begrenzt. Die Armschwingen sind ebenfalls graubraun bis dunkelbraun, tragen aber einen geschwungenen, mehrere Millimeter breiten weißen Endsaum. Ein grün schillernder Spiegel auf der Außenfahne verstärkt und vergrößert sich etwa mit der 3. Armschwinge beginnend bis zur 9. hin. Die 10. Armschwinge ist dagegen völlig anders gefärbt und geformt. Ihr heller dünner Schaft ist nicht nach innen, sondern nach außen gebogen. Die Außenfahne trägt einen kräftigen bläulichen Glanz. Die Innenfahne ist stark vergrößert und zu einem orangefarbenen, annähernd dreieckigen Segel entwickelt. Ihr schmaler Außensaum geht von Schwarz zu Weiß über. Die Feder ragt normalerweise beim Schwimmen aus dem Flügel nach oben heraus, kann aber im Flug angelegt werden. Die Steuerfedern sind einheitlich dunkelbraun, breit und flach.

Vorkommen und Mauser: Wegen des äußerst dekorativen Prachtkleids der Erpel sind die ursprünglichen Bestände in Südostsibirien, Nordchina und Japan schon seit Langem für Haltungszwecke geplündert worden. Die Vögel sind auch heute noch als Ziergeflügel beliebt, sodass der Bestand in menschlicher Obhut inzwischen wohl größer ist als die wild lebende Population. Sie lassen sich gut züchten. Entkommene oder absichtlich freigelassene Vögel haben lokale, frei lebende Kleinpopulationen gebildet, besonders in Parks, wo sie Baumhöhlen zum Brüten finden. Die brütenden Weibchen sind durch andere Höhlennutzer wie Marder und Waschbär gefährdet, die Männchen, wenn sie an Menschen gewöhnt sind, auch durch Katzen. Die Vollmauser des Körpergefieders und der Schwingen beginnt bei den Männchen teils schon früh im Mai und kann bis in den Sommer dauern, bei den Weibchen einen Monat später. Dabei sind die Vögel einige Wochen lang flugunfähig. Die Steuerfedern werden gesondert im Juli gemausert. Von Spätsommer bis Herbst legen die Vögel wieder das Prachtkleid an, dann werden auch die Steuerfedern nochmals erneuert.

Ähnliche Arten: Die Federn des Männchens im Prachtkleid sind unverkennbar, besonders wenn die segelartige Zierfeder aus dem inneren Armflügel vorliegt. Das weibliche Kleid bzw. Schlichtkleid ähnelt bis auf kleine Unterschiede demjenigen der Brautente (*Aix sponsa*), siehe Bestimmungsbuch.

Tafel Seite 127

Schwimmenten, Gattung *Anas*

Während sich die Handschwingen bei den verschiedenen Arten der Schwimmenten kaum an der Färbung, allenfalls an der Größe unterscheiden lassen, findet man Artunterschiede vor allem in den Armschwingen, den Großen Oberen Armdecken, den Schirm- und Schulterfedern. Man achte also bei Funden vor allem auf solche Federn.

Schnatterente *Anas strepera*

Federmerkmale: Die Handschwingen sind matt sepiafarben mit schwacher Aufhellung an der Basis der Innenfahne und Verdunkelung an der Spitze. Der weiße Flügelspiegel ist nur am inneren Ende des Armflügels entwickelt, bei jungen Weibchen beschränkt er sich auf die Außenfahne einer einzigen Armschwinge (9.). Bei alten Männchen ist er größer und enthält mehrere weiß leuchtende Armschwingen. In jedem Fall wird er nach außen und nach vorn hin im Arm durch Schwarz begrenzt. Die Schirmfedern sind beim Männchen einfarbig sepia, tragen aber auf der Außenfahne einen schwachen frostigen Schimmer. Beim Weibchen sind sie dunkel mit heller Marmorierung auf der Außenfahne und hellem umlaufenden Saum. Die mittlere Steuerfeder ist ähnlich wie eine Schirmfeder, aber symmetrisch gemustert. Nach außen hin werden sie heller, die 7. ist beinahe weiß.

Kleiner weißer Spiegel im Armflügel.

Vorkommen und Mauser: Die Schnatterente tritt als spärlicher Brutvogel auf vegetationsreichen Gewässern an Küsten, in Flussauen und im Binnenland auf und zieht zum Überwintern nach Westeuropa. Die Mauser beginnt mit dem Kleingefieder, bei den Männchen schon im Mai, bei den Weibchen später. Danach folgt der Ersatz der synchron ausfallenden Schwingen, wobei die Männchen meist im Juli/August für etwa vier Wochen flugunfähig sind; die Weibchen folgen verzögert. In beiden Geschlechtern schließt sich die neuerliche Mauser des Kleingefieders sehr bald an die Erneuerung der Schwingen an, sodass die Vögel frühzeitig wieder das Prachtkleid tragen.

Ähnliche Arten: Während die Armschwingen der etwas größeren Stockente einen blauen Schimmer tragen, ist der Spiegel bei Krickente, Knäkente, Löffelente leuchtend grün, bei der Schnatterente jedoch klein und weiß. Bei der Pfeifente ist er mattgrün oder schwarz mit weißem Innenfeld.

Tafel Seite 128

Pfeifente *Anas penelope*

Federmerkmale: Die Handschwingen sind durchweg dunkelgraubraun, mit einer schwachen Aufhellung an der Basis der Innenfahne, die Spitzen sind dunkel. Die 9. Handschwinge trägt eine Außenfahnenverengung an der Spitze, die 10. eine Verengung der Innenfahne. Bei den Armschwingen des Männchens stellt sich ein tiefdunkler, grün schillernder Spiegel auf der basalen Hälfte der

Außenfahne dar. Bei den Weibchen ist der Spiegel schwarz. An der Spitze der Armschwingen fällt ein 2 bis 4 mm breiter heller Saum auf. Bei der 10. oder 11. Armschwinge ist die Außenfahne teilweise weiß. Die Schirmfedern sind besonders an der Außenfahne samtschwarz, nur der Schaft und ein schmaler Saum der Außenfahne heben sich hell ab. Die Großen Oberen Armdecken sind bei den Erpeln grau, am Ende tragen sie eine breite tiefschwarze Binde und der größte Teil der Außenfahne ist weiß. Diese Federn bilden das weiße Flügelfeld, das bei fliegenden alten Erpeln gut sichtbar ist. Bei den Weibchen (s. Abb. 26–27) und Jungvögeln ist dieses Muster nur angedeutet. Die Schwanzfedern sind beim Erpel betont dunkelgrau mit hellen Spitzen, werden nach außen hin heller und sind vor allem auf den Außenfahnen silbrig überflogen; die mittleren Schwanzfedern sind am dunkelsten, überragen die anderen und sind stärker zugespitzt. Im Flugbild zeigt sich der verlängerte spitze Schwanz. Dies alles ist beim Weibchen schwächer ausgeprägt.

Alte Erpel mit großem weißem Flügelfeld.

Vorkommen und Mauser: Pfeifenten sind Brutvögel Skandinaviens und Russlands, kommen aber außerhalb der Brutzeit in großen Scharen an den Küsten und im Binnenland vor, vor allem von September bis April. Sie sind gesellige Weidegänger wie Gänse und treten daher meist in größeren Trupps auf. Die Mauser der Schwingen erfolgt im Sommer bis in den Herbst hinein.

Ähnliche Arten: Verlängerte, spitze Schwanzfedern findet man auch bei der Spießente. Während die Armschwingen der Stockente einen blauen Schimmer tragen, ist der Spiegel bei Krickente, Knäkente und Löffelente leuchtend grün, bei der Pfeifente mattgrün oder schwarz mit weißem Innenfeld.

Tafel Seite 129

Krickente *Anas crecca*

Spiegel mit leuchtendem Smaragdglanz.

Federmerkmale: Die Krickente ist mit 350 g Körpergewicht die kleinste europäische Ente. Alle Flügelfedern sind ausgesprochen zierlich. Die Handschwingen sind durchweg dunkelgraubraun, die Schäfte eingeschlossen. Sie tragen wie alle Entenschwingen durchgehend unterseits auf beiden Seiten des Schaftes einen Glanzstreif. Bei den Armschwingen tritt ein cremefarbener Endsaum mit einer Breite bis zu etwa 4 mm auf. Der Spiegel ist an den äußeren Armschwingen nur als tiefschwarze Färbung der Außenfahne zu erkennen, gewinnt aber zu den Schirmfedern hin mehr und mehr einen leuchtend grünen Smaragdglanz. Das gilt für beide Geschlechter. In Schrägansicht leuchtet der innere Spiegel sogar violett. Die Schirmfedern selbst sind verlängert, zugespitzt und braungrau bis fast schwarz mit einem feinen hellen Saum von 1 bis 2 mm Breite an der Außenfahne; der Schaft kann sich schwarz hervorheben. Eine einzelne Schwinge im Übergang zwischen Spiegel und Schirm trägt bei den Männchen in fast voller Länge der Außenfahne ein auffallendes samtschwarzes, hell gesäumtes Feld. Beim Weibchen können zwei innere Armschwingen dieses Merkmal tragen. Die beiderseits je sieben kleinen und schmalen Steuerfedern sind ebenfalls sehr dunkel, die zugespitzten Enden weisen einen schwachen, lichten Saum auf. Besonders bei den Weibchen können ein paar helle Flecken oder Bänder auf den äußeren Steuerfedern auftreten. Bei Jungvögeln sind die Steuerfedern schmaler als bei Altvögeln und neigen zu starker Abnutzung.

Vorkommen und Mauser: Die Krickente teilt sich in eine kleine mitteleuropäische Brutpopulation und viele Überwinterer aus dem Norden und Osten auf, die schon ab Juli einfliegen. Die Mauser des Flügelgefieders beginnt ebenfalls im Juli. Sommerliche Mauserversammlungen der Vögel finden sich vorzugsweise in Außendeichsgebieten der Küste und der Flussmündungen, aber auch auf flachen Binnengewässern.

Ähnliche Arten: Bei der etwas größeren Knäkente sind die Schäfte der etwa gleich langen Schwingen auffallend hell abgesetzt und der grüne Spiegel der Armschwingen ist blaugrau bereift mit breitem hellem

Endsaum. Während die Armschwingen der Stockente einen blauen Schimmer tragen, ist der Spiegel bei der Löffelente leuchtend grün, bei der Pfeifente mattgrün mit weißem Innenfeld; diese beiden Arten sind allerdings deutlich größer als die Krickente.

Tafel Seite 130

Stockente *Anas platyrhynchos*

Federmerkmale: Die Handschwingen sind braun mit einem Stich ins Sepia. Die Schäfte heben sich farblich kaum von den Fahnen ab. Die 10. Handschwinge hat eine Verengung an der Spitze der Innenfahne, die vielleicht für den pfeifenden Flugschall verantwortlich ist. Die 9. Handschwinge hat eine Einbuchtung an der Außenfahne, wodurch die Spitze der 10. freigestellt wird. Diese Eigenschaften sind typisch für Entenflügel.

Prachtkleid des Erpels schon ab Herbst.

Besonders bezeichnend sind die Armschwingen, die mit ihren Außenfahnen einen auffälligen, blauviolett schillernden Spiegel bilden. Der Spiegel wirkt durch abweichende Lichtbrechung grünlich, sobald die Federn völlig durchnässt sind. Die Innenfahnen sind graubraun, die Federspitze hat ein leuchtend weißes Band. Die Großen Oberen Armdecken zeichnen sich durch ihre Sepiafarbe und ein weiß-schwarzes Endband aus. Das weiße Band reicht bei den Weibchen bis zur 13. Decke oder weiter, beim Männchen nur bis zur 12., sodass man hieran die sonst sehr ähnlichen Flügel unterscheiden kann. An den Mittleren Oberen Armdecken im Innenbereich kann man Altersunterschiede erkennen: Sie sind beim Jungvogel relativ schmal und verjüngen sich zur Spitze hin; beim Altvogel sind sie breiter und fast eckig. An die zehn spiegeltragenden Armschwingen schließen sich die breiten und verlängerten Schirmfedern in bräunlicher Farbe an. Die Vögel haben beiderseits zehn Steuerfedern. Die äußeren Steuerfedern sind zugespitzt und hell graubräunlich mit einem breiten weißen Endband, die äußersten sind beinahe weiß und die Schäfte heben sich hellbraun bis dunkel ab. Kennzeichnend sind die jeweils eine aufrecht stehende Locke bildenden vier schwarzen Zierfedern oben auf dem Schwanz der Erpel: die beiden innersten Steuerfederpaare. Beim Weibchen fehlt diese Lockenbildung, die äußeren Steuerfedern sind nicht so hell wie bei den Erpeln, sondern stärker marmoriert mit groben Flecken.

Vorkommen und Mauser: Die Stockente ist ein häufiger Brutvogel und Wintergast. Sie bewohnt Binnengewässer aller Art, außerhalb und innerhalb von Siedlungen, ist aber auch an allen Küsten einschließlich des Wattenmeers jederzeit anzutreffen. Die Mauser beginnt im Frühsommer mit dem Kleingefieder. Sobald das Schlichtkleid angelegt ist, schließt sich die Flügelmauser an, auf die schon im Spätsommer die Ruhemauser folgt, die wieder zum Prachtkleid führt. Diese Gefiederfolge ist bei den Männchen besonders augenfällig.

Ähnliche Arten: Die Stockente ist dem Gewicht nach die größte der Schwimmenten und hat demnach auch die größten Federn. Die Spiegelfedern sind in beiden Geschlechtern unverkennbar. Bei den sonstigen Federn der Weibchen sind Verwechslungen mit Löffelente, Schnatterente und Spießente möglich. Während die Armschwingen der Stockente einen blauen Schimmer tragen, ist der Spiegel bei Krickente, Knäkente und Löffelente leuchtend grün.

Tafel Seite 131

Spießente *Anas acuta*

Federmerkmale: Die Handschwingen sind hellbraun bis braun mit schwarzbraunen Spitzen. Die sepiabraunen Armschwingen des Männchens tragen auf der Außenfahne einen matten schwarzgrünen, kupferfarben schillernden Glanz, der zur Federspitze hin durch einen geschwungenen, weißlichen und bis zu 8 mm breiten Saum begrenzt wird. Dieser schließt sich zu einem weißen

Schwanzspieße im Prachtkleid des Erpels.

Hinterrand des geöffneten Flügels zusammen. Dagegen geht der rostbraune Vorderrand des Spiegels auf die Großen Oberen Armdecken zurück. Die Schirmfedern sind graubraun mit scharf abgesetztem schwarzem Schaftstrich. In der Schulter gibt es im Prachtkleid verlängerte und asymmetrisch zugespitzte Zierfedern mit schwarzem Zentrum und hellbraunen Rändern sowie teils grau gewellter Basis. Beim vorjährigen Erpel sind die Schwanzspieße kürzer als beim älteren Männchen, außerdem sind noch unvermauserte Federn auf Rücken und Oberflügel erhalten.

Beim Weibchen ist der Spiegel in den Armschwingen nur angedeutet und ihm fehlt der dunkelgrüne Glanz. Die inneren Armschwingen haben an der Stelle des Spiegels sogar ein feines schwärzliches Fleckenmuster auf kupferbräunlichem Grund. Die Schirmfedern sind intensiver braun als beim Männchen, mit ähnlich kontrastreichem Längsmuster. Beim Erpel sind die mittleren Steuerfedern im Prachtkleid stark verlängert, schwarzbraun und zugespitzt; sie können 20 cm lang werden. Die nächsten Steuerfedern haben eine graubraune Innenfahne und helle Säume, die übrigen sind außen dunkler, innen heller graubraun. Beim Weibchen und im männlichen Schlichtkleid sind sie viel kürzer.

Vorkommen und Mauser: Die Spießente ist sowohl in Nordamerika als auch in Eurasien Brutvogel. In Mitteleuropa brütet sie relativ selten, kommt aber als Gastvogel und Durchzügler regelmäßig und häufig vor und rastet dann an den Flachküsten des Meeres sowie auf überschwemmten Wiesen. Die Mauser erfolgt im Spätsommer, der mitteleuropäische Durchzug erst danach.

Ähnliche Arten: Sehr lange, aber wesentlich schmalere mittlere Schwanzfedern gibt es auch bei der männlichen Eisente im Prachtkleid. Bei den Armschwingen besteht eine Verwechslungsgefahr mit der Knäkente, die ebenfalls einen grünen Spiegel in Verbindung mit einem breiten weißen Endsaum zeigt. Im Unterschied dazu fehlt der Knäkente aber das schwarze Band vor dem Ende und sie ist merklich kleiner. Während die Armschwingen der Stockente einen blauen Schimmer tragen, ist der Spiegel bei Krickente, Knäkente und Löffelente leuchtend grün. Bei der Spießente ist er jedoch unscheinbar, allenfalls mit matt schwarzgrünem, etwas kupferfarben schillerndem Glanz. Vgl. auch Pfeifente (S. 41).

Tafel Seite 132

Knäkente *Anas querquedula*

Beim Erpel Zierfedern in der Schulter.

Federmerkmale: Knäkenten sind nur wenig größer als Krickenten. Dementsprechend sind die Federn etwas größer als bei der Krickente. Die Handschwingen sind graubräunlich, die Innenfahne vor allem an der Basis aufgehellt. Die Federspitze hebt sich dunkel ab. Der Schaft ist durchgehend weiß und passt sich nur in der Federspitze an die dunkle Fahne an. Bei den inneren Handschwingen trägt die Außenfahne einen weichen hellen Saum, der zur Flügelspitze hin schmäler wird und bald verschwindet. Falls man die Großen Oberen Handdecken findet: Sie sind arttypisch zweifarbig, das heißt, die Außenfahnen sind silbrig aufgehellt (bei der Krickente nicht, bei der Löffelente schwach).

Die Armschwingen tragen ein breites weißes Endband, ebenso die Großen Oberen Armdecken. Das führt dazu, dass der Spiegel vorn und hinten auffallend weiß eingerahmt ist. Beim Jungvogel sind diese Bänder schwächer entwickelt. Die äußeren Armschwingen zeigen beim Männchen auf der Außenfahne einen schwach angedeuteten grünlichen Glanz, der sich nach innen hin allmählich verstärkt. Beim Weibchen kann er ganz fehlen bzw. durch Schwarz oder Graubraun ersetzt sein. Das ausgefärbte Männchen zeichnet sich im offenen Flügel durch hell graublaue obere Flügeldecken aus. Die Schirmfedern sind verlängert, dunkel und haben einen hellen Außensaum. Die Schulterfedern sind beim Männchen lockenartig herabgebogen und glänzend schwarz mit einem scharf abgesetzten hellen Schaftstrich und einem ebensolchen Saum an der Innenfahne. Die Steuerfedern sind scharf zugespitzt und graubraun mit einem beigefarbenen Spitzensaum, besonders bei den Weibchen. Die äußeren Steuerfedern sind heller und auf der Außenfahne im Spitzenteil etwas gewölkt.

Vorkommen und Mauser: Die Knäkente ist ein weite Strecken zurücklegender Zugvogel, der vorwiegend in Westafrika überwintert. Zur Brutzeit halten sich die Vögel bei uns vornehmlich an flachen, nahrungsreichen Binnengewässern auf. Sie gehen schon im Juni ins Schlichtkleid über, die Weibchen etwas später als die Männchen. Erst danach wird noch im Brutgebiet das Großgefieder ausgetauscht, weshalb die Vögel einige Wochen flugunfähig sind. Vor dem Wegzug ins Überwinterungsgebiet beginnt schon die abschließende Mauser des Kleingefieders, doch sie wird erst im Überwinterungsgebiet beendet.

Ähnliche Arten: Gegenüber der etwas kleineren Krickente sind die Spiegelfedern matter grün, doch der mattblaue Vorderflügel und die Schulterfedern tragen arttypische Signale. Vgl. auch Löffel- und Spießente (S. 48 und 45).

Tafel Seite 133

Löffelente *Anas clypeata*

Prachtkleid der Erpel im Winter.

Federmerkmale: Die Handschwingen sind wenig arttypisch. Die Fahnen sind dunkelgraubraun mit nur schwacher Aufhellung an der Basis der Innenfahnen. Der Schaft zieht sich hell durch den Fahnenbereich und wird erst in der Federspitze dunkel. Die Armschwingen tragen einen samtgrünen Spiegel auf der Außenfahne, aber kein weißes Band an ihrer Spitze. Dafür prangen die Großen Oberen Armdecken mit einem 1 bis 2 cm breiten weißen Endband. Die Schulterfedern verlängern sich und sind schwarz bis auf den hellen Schaft und einen breiten weißen Schaftstrich gegen die Spitze. Bezeichnend sind die weiteren blau-weiß-schwarz gezeichneten Zierfedern der Schulter und die beim Männchen glänzend pastellblauen Decken des Vorderflügels. Das Blau ist kräftiger als beim Erpel der Knäkente, bei der weiblichen Löffelente ist der Vorderflügel allerdings etwas matter graublau. Die mittleren Steuerfedern sind sepiafarben mit weißen Sprenkeln und Säumen, die äußeren zunehmend aufgehellt mit dunklen Schäften. Beim Weibchen sind diese immer noch graubraun, aber mit zunehmender rosabräunlicher Musterung.

Vorkommen und Mauser: Löffelenten brüten ähnlich wie Knäkenten auf nahrungsreichen, stark bewachsenen und flachen Binnengewässern, wo sie mit kleinen offenen Wasserflächen auskommen. Außerhalb der Brutzeit finden sie sich verstärkt an den Küsten ein. Aus dem Prachtkleid gehen die Männchen schon im Mai/Juni ins Schlichtkleid über, die Weibchen folgen etwa einen Monat später nach. Im Hochsommer schließt sich die Mauser der Schwingen an, wobei die Vögel in ententypischer Weise etwa vier Wochen lang flugunfähig sind. Im Spätherbst mausern sie wieder ins Prachtkleid.

Ähnliche Arten: Der blaue Vorderflügel des Männchens, hauptsächlich beim Fliegen sichtbar, ist bei der männlichen Knäkente ähnlich ausgebildet, nur etwas heller. Außerdem fehlt der Löffelente der markante, fast 1 cm breite Endsaum des Spiegels. Während die Armschwingen der Stockente einen blauen Schimmer tragen, ist der Spiegel bei Löffelente, Knäkente und Krickente mehr oder weniger leuchtend grün, bei der Pfeifente mattgrün oder schwarz.

Tafel Seite 134

Tafelente *Aythya ferina*

Flügel grau und unscheinbar.

Federmerkmale: Der Flügel der Tafelente wartet weder mit einem weißen Flügelband noch mit einem farbigen Spiegel oder Vorderflügelfeld auf. Der Armflügelspiegel ist nur grau angedeutet, er setzt sich als Flügelstreif ebenso grau in den Handflügel fort. Die Handschwingen tragen lediglich einen dunklen Spitzensaum, der in einer sepiafarbenen Aufhellung endet. Die Armschwingen sind grau mit variabler heller Sprenkelung. Davon abgesehen warten die Schwingen mit einem silbergrauen Ton auf. Die Schwanzfedern sind dunkelgrau bis braun.

Vorkommen und Mauser: Tafelenten kommen häufig mit Reiherenten vergesellschaftet vor. Sie sind Tauchenten wie diese. Sie ernähren sich in geringerem Ausmaß von Muscheln und anderer tierischer Nahrung; die pflanzliche Ernährung nimmt einen größeren Raum ein. Die Mauser des Kleingefieders nach der Brutzeit beginnt bei den Männchen bereits im Frühsommer, bei den Weibchen sogar noch früher. Erst danach erfolgt die Mauser der Hand- und Armschwingen, sodass die Vögel im Hochsommer für drei bis vier Wochen flugunfähig sind. Sehr bald danach tragen sie wieder das Prachtkleid.

Ähnliche Arten: Wegen des nahezu fehlenden Flügelstreifs und Spiegels kann man den Flügel und die silbergrauen Flügelfedern gut von denen anderer Tauchenten unterscheiden.

Tafel Seite 135

Reiherente *Aythya fuligula*

Im Flug auffallender Flügelstreif.

Federmerkmale: Die inneren Handschwingen haben eine helle Außenfahne, doch erreicht die Aufhellung weder die Basis noch die Federspitze. Den äußeren drei bis vier Handschwingen fehlt diese Aufhellung auf der Außenfahne; sie sind überwiegend dunkelbraun und haben lediglich an der Basis der Innenfahnen Aufhellungen. Sie sind am Ende zugespitzt. Alle Handschwingen haben einen dunklen Schaft. Die Armschwingen haben eine hellgraue Basis, das Spitzenviertel ist schwarz, der verbleibende Rest in der Mitte weiß. Etwa bei der 10. Armschwinge hört das Weiß auf und zwei weitere Federn sowie die verlängerten Schirmfedern sind dunkel, die ersteren tragen aber auf der Außenfahne einen grünlichen Schimmer. Die Armschwingen haben in der Regel keine hellen Endsäume. Die Steuerfedern, sieben auf jeder Seite, sind bemerkenswert kurz, schmal, zugespitzt und einschließlich der Schäfte schwarzbraun (Altvögel) oder graubraun (Jungvögel). Die mittleren Steuerfedern sind etwa 6 mm länger als die äußeren.

Vorkommen und Mauser: Reiherenten sind in Mitteleuropa Jahresvögel, vor allem im Binnenland, und haben sich in jüngerer Vergangenheit ausgebreitet. Die nördlichen und östlichen Populationen ziehen aber aus ihren Brutgebieten ab und überwintern hier, besonders in der westlichen Ostsee. Sie mausern im Herbst und Spätherbst das Großgefieder.

Ähnliche Arten: Reiherenten haben im Flug einen auffallenden weißen Flügelstreif. Das beruht wie bei der Uferschnepfe und dem Austernfischer auf dem Färbungsmuster von Hand- und Armschwingen. Die etwa gleich große Moorente (*Aythya nyroca*) ist im noch helleren Flügel, insbesondere im Bereich der Hand, sehr ähnlich gezeichnet; ihr fehlt aber der für die Reiherente charakteristische starke Kontrast zwischen Innen- und Außenfahne der inneren Handschwingen. Die nahe verwandte Bergente ist etwas größer als die Reiherente. Ihre Federn sind sehr ähnlich, doch haben die Armschwingen wenigstens teilweise helle Endsäume und die inneren Armschwingen, Schirmfedern und Armdecken eine sehr feine weißliche Marmorierung. Auch die Samtente hat ein weißes Flügelfeld, das allerdings nur von den Armschwingen gebildet wird. Davon abgesehen ist das Männchen tiefschwarz.

Tafel Seite 136

Schellente *Bucephala clangula*

Flugschall durch die 10. Handschwinge.

Federmerkmale: Die Handschwingen sind durchweg dunkel. Der Schaft hebt sich fast schwarz von den Fahnen ab. Ähnlich wie die Trauerente hat auch die Schellente die Fähigkeit, klingelnden Flugschall zu erzeugen. Die 10., verschmälerte Handschwinge dürfte dabei als Schallschwinge fungieren. Flugschall ist bei Altvögeln in stärkerem Maß ausgebildet als bei Jungvögeln und am wenigsten bei jungen Weibchen. Dem dürften die Federstrukturen entsprechen. Schellenten sind ausgeprägte Tauchenten, die ihre Nahrung unter Wasser suchen. Dabei sind die Flügel angelegt und der Schwanz stark gespreizt. Das dürfte sich auf den Erhaltungszustand der Federn auswirken. Die Armschwingen sind nach ihrem Färbungsmuster uneinheitlich. Die Äußersten vier sind dunkel, mit einer sich vergrößernden eiförmigen Aufhellung von der Spitze der Innenfahne her. Die nächsten Schwingen sind weiß. Die Schirmfedern sind dann wieder so dunkel wie die Handschwingen. Die beiderseits sieben bis acht Steuerfedern sind kräftig, recht breit, schwarzgrau und in frischem Zustand silbrig bereift.

Vorkommen und Mauser: Die Schellente ist Brutvogel vor allem in Skandinavien, dem östlichen Mitteleuropa und in Osteuropa, überwintert aber in großer Zahl an den Küsten der westlichen Ostsee, der Nordsee und an den Flussläufen. Die Großgefiedermauser erfolgt von Spätsommer bis Herbst.

Ähnliche Arten: Eine Verwechslung ist am ehesten mit dem Mittelsäger möglich, der bei vergleichbarer Größe und sehr ähnlichem Flügelfeld auch recht große, flache Steuerfedern besitzt. Die Armschwingen der wesentlich größeren Samtente, die ebenfalls einen weißen Armflügelspiegel hat, tragen an der Spitze einen dunklen Endsaum.

Tafel Seite 137

Gänsesäger *Mergus merganser*

Frische weiße Federn sind lachsfarben.

Federmerkmale: Sämtliche weißen Gefiederpartien können beim Männchen wie auch beim Weibchen eine schwache lachsfarbene Tönung tragen, die vielleicht durch die Ausscheidung der Bürzeldrüse zustande kommt. Sie scheint im frischen Gefieder, besonders im Winter, am intensivsten zu sein. Die Handschwingen sind unscheinbar graubraun, die Innenfahnen aufgehellt und zur Basis hin weißlich. Die äußeren Armschwingen sind dunkel mit Aufhellung der Innenfahne; die folgenden sind weiß. Zum Ellenbogen hin schließen sich beim Männchen einige mit schwarzem Saum an Außen- und Innenfahne an. Die Großen Oberen Armdecken sind weiß. Gänsesäger haben beiderseits bis zu neun silbrig graubraune Steuerfedern, die im abgenutzten Zustand fahle, verblichene Ränder aufweisen können.

Vorkommen und Mauser: Gänsesäger sind als Brutvögel vor allem im Norden und Osten Europas verbreitet, in kleiner Population auch im Voralpenland. Sie sind Überwinterer auf Binnengewässern. Die wichtigsten Mausergebiete liegen in Nordnorwegen und am holländischen Ijsselmeer. Die Mauser des Großgefieders erfolgt nach Ende der Brutperiode von Juni bis in den Herbst hinein.

Ähnliche Arten: Mittelsäger.

Tafel Seite 138

Familie Podicipedidae – Lappentaucher

Lappentaucher tragen einen moschusartigen Geruch im Gefieder, der mindestens im frischen Zustand auch einzelnen Federn anhaftet. Den elf Handschwingen fehlt auf der Unterseite der Glanzstreif, der bei vielen anderen Wasservögeln vorhanden ist. Das Deckgefieder des Körpers hat eine sehr lockere, dunenartige, strahlige Struktur. Auch die Schwanzfedern sind sehr kurz, unscheinbar und dunenartig, das heißt, ihnen fehlt eine geschlossene Federfahne.

Zwergtaucher *Tachybaptus ruficollis*

Federmerkmale: Die Flügelfedern erinnern durch ihre geringe Größe an einen Singvogel, sind aber kräftig, deutlich gebogen, gewölbt und weisen einen auffallend verstärkten Kiel auf. Anders als bei Singvögeln ist auch der den Federn lange Zeit anhaftende Geruch (s. o.). Die Handschwingen sind etwa 7,5 cm lang, die Armschwingen etwa 6 cm. Die elf Handschwingen sind recht eintönig sepiafarben mit einem schwachen hellen Feld an der Fahnenbasis. Der Kiel ist nur wenig dunkler als die Fahnen. Handschwinge 9 und 10 zeigen eine spitzenständige Verengung der Außenfahne, 9 bis 11 eine Verengung der Innenfahne. Anders als die anderen Lappentaucher zeigt der fliegende Zwergtaucher keinen weißen Armflügelspiegel, sondern bestenfalls ein schwaches, lichtes Feld im Armflügel. Bei den einzeln betrachteten Armschwingen ändert sich aber das Bild. Bei der Äußersten beginnend und nach innen zu stärker werdend zeichnet sich ein weißes Feld auf der Innenfahne ab. Bei den Armschwingen (6) 8 bis 10 erreicht das weiße Feld sogar die Spitze und kann sich auf die innere Außenfahne ausbreiten. Der dunkle Schaft hebt sich umso deutlicher von den Fahnen ab. Die innersten Armschwingen sind wieder dunkelbraun. Die acht Schwanzfedern sind weder beim lebenden noch beim toten Vogel eindeutig zu erkennen und können daher als so gut wie fehlend angesehen werden.

Winziger Schwanz aus Dunenfedern.

Vorkommen und Mauser: Zwergtaucher bevorzugen für die Brut oft sehr kleine Binnengewässer mit dichter Ufervegetation; im Winter trifft man sie in kleinen Gruppen oder einzeln auch auf größeren Binnengewässern, an eisfreien Stellen von Flüssen und an der Meeresküste an. Der Kleiderwechsel zwischen Prachtkleid und Schlichtkleid und umgekehrt betrifft zuerst das Körpergefieder. Nach der Brut findet im August bis September eine Vollmauser statt, wobei die Hand- und Armschwingen gleichzeitig erneuert werden. Daher sind die Vögel eine Zeit lang flugunfähig.

Ähnliche Arten: Die Schwingen heben sich durch ihre Wölbung, ihre geringe Größe und ihr Färbungsmuster gut von denen anderer Wasservögel und auch von Singvögeln ab. Durch ihre geringe Größe lassen sie sich von denen anderer Lappentaucher unterscheiden.

Tafel Seite 139

Haubentaucher *Podiceps cristatus*

Im Prachtkleid mit Kopfschmuck.

Federmerkmale: Wie die meisten anderen Lappentaucher verfügt auch der Haubentaucher über elf vollständig ausgebildete Handschwingen. Der Handflügel ist stark nach oben gewölbt, was besonders die äußeren sechs Handschwingen betrifft. Die Handschwingen, die eine Länge von etwa 13 cm erreichen, sind braun mit leichtem Grauton. Der Schaft setzt sich fast schwarz und glänzend von den Fahnen ab. Bei allen Handschwingen ist das basale Fünftel der Innenfahne cremeweiß abgesetzt, was andeutungsweise auch für die Außenfahnen gilt. Die inneren Handschwingen tragen eine nach innen hin größer werdende weiße Spitze. Während die erste Armschwinge das Färbungsmuster der Handschwingen noch fortsetzt, zieht sich das Pigment bei den folgenden schnell auf einen Rest am mittleren Schaft zurück und klingt etwa bei der 6. Handschwinge ganz aus. Die weiteren Armschwingen sind vollständig cremeweiß, nur die Schirmfedern am Ellenbogen (etwa ab der 15.), die im geschlossenen Flügel Hand- und Armschwingen abdecken, sind im Prachtkleid dunkelkastanienbraun. Im geöffneten Flügel zeigt sich abgetrennt vom weißen Armflügelspiegel ein ebensolches Schulterfeld, das zwischen den Schirmfedern und dem Rückengefieder vom Flügelbug bis zum Flügelhinterrand reicht. Es wird von den Deckfedern des Flügelbugs und dem Oberarmflügel gebildet.

Der sehr kurze Schwanz ist wie bei allen Lappentauchern ein Rudiment. Er besteht aus einem kleinen Bündel nur etwa 4 cm langer Federchen, die keine geschlossene Federfahne bilden. Dieses Bündel ist von oben gesehen dunkelbraun, von unten weiß.

Vorkommen und Mauser: Der Haubentaucher, als der größte unserer heimischen Lappentaucher, ist an größere Gewässer gebunden als die kleineren Verwandten. Brutvorkommen finden sich weitgehend in Schilfbeständen der Uferzonen, manchmal selbst an von Menschen stark belebten Stellen. In der Vollmauser in der zweiten Jahreshälfte findet auch die Erneuerung der Schwingen statt. Da das Abwerfen sehr rasch vor sich geht, sind die Vögel – meist zwischen August und Oktober – jeweils für drei bis vier Wochen flugunfähig.

Ähnliche Arten: Die entsprechenden Federn der anderen Lappentaucher sind durchweg kleiner.

Tafel Seite 140

Rothalstaucher *Podiceps grisegena*

Das Prachtkleid verändert nicht den Flügel.

Federmerkmale: In der Größe steht die Art zwischen Hauben- und Schwarzhalstaucher. Die äußeren Handschwingen sind etwa 11 bis 12 cm lang, die Armschwingen etwa 9 cm. Hand- und äußere Armschwingen sind durchscheinend dunkelbraun, die Schäfte heben sich schwarzbraun ab. Im Flug sind ein weißer Armflügelspiegel und ein kleineres weißes Feld am Flügelvorderrand erkennbar. Für die Armschwingen bedeutet dies eine Aufhellung. Diese beginnt erst bei der (3.) 4. bis 5. Armschwinge, und zwar von der Spitze her. Das Pigment zieht sich bei den folgenden Schwingen Schritt für Schritt auf die unteren zwei Drittel des Schaftes zurück und bleibt teilweise an der Basis und am Außensaum der

Außenfahne erhalten; die Spule ist durchweg hell. Der fast bis zur Spitze schwarze Schaft teilt die Fahne in der Mitte. Die Armschwingen sind nur wenig seitlich gebogen, aber deutlich gewölbt. Bei den inneren Armschwingen 13 bis 15 kehrt die Pigmentierung von der Spitze her schnell zurück, sodass die innersten Schwingen ab 16 (Schirmfedern) ganz schwarzbraun sind, desgleichen die Schulterfedern.

Vorkommen und Mauser: Der Rothalstaucher ist eine nordöstlich verbreitete Art, bei uns vor allem im Ostseeküstenraum. Die Vögel bevorzugen zur Brutzeit kleine, gut bewachsene Seen und Teiche; ihre Schwimmnester finden sich am Vegetationsrand zur freien Wasserfläche hin. Zur Überwinterung suchen sie größere Binnengewässer und die Meeresküsten von Ost- und Nordsee auf. Die Vollmauser nach der Brutzeit findet zwischen Juli und September statt. Dabei sind die Vögel vorübergehend flugunfähig.

Ähnliche Arten: Der Rothalstaucher ist nach dem Haubentaucher bei uns die zweitgrößte Lappentaucherart. Dem entspricht die Größe seiner Federn. Der helle Armflügelspiegel begrenzt sich bei ihm auf die mittleren Armschwingen.

Tafel Seite 141

Ohrentaucher *Podiceps auritus*

Prachtkleid von Frühjahr bis Sommer.

Federmerkmale: Die Handschwingen sind etwa 9 bis 11 cm, die Armschwingen etwa 7 cm lang. Bei den Handschwingen (es sind elf oder sogar zwölf) ist die Basis etwa 1 cm lang weiß. Aus den graubraunen Fahnen heben sich die Schäfte deutlich dunkelbraun heraus. Die vier äußeren Handschwingen haben eine Verengung der Außenfahne, die beiden äußeren auch eine Verengung der Innenfahne. Die äußerste Armschwinge entspricht in ihrem Färbungsmuster noch weitgehend der benachbarten Handschwinge 1, ist aber deutlicher nach innen gebogen. Die folgenden beiden Armschwingen leiten dann über, ab der 4. sind sie ganz cremefarben mit geringen

Pigmentresten am Schaft. Das Weiß im Flügel des fliegenden Ohrentauchers beschränkt sich auf den Armflügelspiegel. Das kleine Federbüschel am Schwanz ist dunkel.

Vorkommen und Mauser: Der Ohrentaucher ist ein Brutvogel des Nordens, kommt aber bei uns mit einer gewissen Regelmäßigkeit als Wintergast und Durchzügler vor allem im Gebiet der Ostseeküste und auf größeren Binnenseen vor, sodass es sich lohnt, seine Federn zu kennen. Die Vollmauser findet im Brutgebiet von August bis November statt.

Ähnliche Arten: Der Ohrentaucher übertrifft die meisten Schwarzhalstaucher an Größe, ist aber deutlich kleiner als Hauben- und Rothalstaucher. Das gilt ebenso für die Federn. Das weiße Feld des Armflügelspiegels erreicht beim Ohrentaucher nicht den Handflügel.

Tafel Seite 142

Schwarzhalstaucher *Podiceps nigricollis*

Federmerkmale: Die längeren Handschwingen erreichen eine Länge von etwa 9 cm, die Armschwingen 6 bis 7 cm; das entspricht knapp den Maßen des Ohrentauchers. Im geöffneten Flügel zeigt sich ein weißer Armflügelspiegel, der bis in den inneren Handflügel reicht. Während die innerste Handschwinge noch so gut wie weiß ist, beschränkt sich das Weiß bei den folgenden vier Handschwingen allerdings auf die Innenfahne, die Außenfahne ist bereits braun. Bei den äußeren Handschwingen zieht sich die helle Färbung auf die Basis der Innenfahne zurück, das Braun breitet sich vom Schaft her immer mehr aus. Die Schäfte heben sich dunkelbraun von den mattbraunen Fahnen ab. Die Armschwingen einschließlich der Schäfte sind durchweg weiß. Ab etwa der 11. Armschwinge sind

Weißer Flügelspiegel unter Decken verborgen.

sie dunkelbraun, wobei die äußeren zwei noch einen Anteil Weiß auf der Innenfahnenbasis aufweisen. Der Schwanz ist wie bei den anderen Lappentauchern unbedeutend und besteht aus dunenartigen Federn.

Vorkommen und Mauser: Der Schwarzhalstaucher brütet auf flachen, vegetationsreichen Stillgewässern, oft zusammen mit Lachmöwen in kleinen Kolonien, die plötzlich entstehen und nach einer Brutperiode wieder aufgegeben werden. Außerhalb der Brutzeit findet man die Vögel auch an den Küsten und auf größeren Binnengewässern in Süd- und Westeuropa. Die Vollmauser findet nach der Brutzeit statt. Bei der raschen Erneuerung der Schwingen sind die Vögel eine Zeit lang flugunfähig.

Ähnliche Arten: Bei annähernd gleicher Größe sind die Federn denen des Ohrentauchers ähnlich, doch zeigen die inneren Armschwingen und die inneren Handschwingen beim Schwarzhalstaucher viel mehr Weiß.

Tafel Seite 143

Familie Phalacrocoracidae – Kormorane

Kormoran *Phalacrocorax carbo*

Federmerkmale: Das Großgefieder von Kormoranen im Alterskleid ist durchweg schwarz, zur Innenfahne und zur Basis hin spielen die Schwingen ins Bräunliche. Die Schäfte sind von der Unterseite her gesehen auffallend dunkelbraun. Die äußeren Handschwingen haben eine Innenfahnenverengung vor der Spitze (H8 bis H10) und eine Außenfahnenverengung (H7 bis H9). Die circa 18 Armschwingen ändern von außen nach innen hin ihre Länge nur wenig, selbst die längste Schirmfeder hebt sich

Federn mit fischigem Moschusgeruch.

kaum heraus; nur die letzten werden kleiner. Auf ihren Außenfahnen, je weiter zur Schulter hin, desto mehr, bildet sich ein schwacher bronzefarbener Glanz, der aber knapp vor dem Schaft endet. Aus der Nähe besehen ähnelt er einer lichten Beschichtung auf schwarzem Untergrund. Auch die Oberen Flügeldecken und große Teile des Kleingefieders weisen diesen Glanz und einen grünglänzend-schwarzen Randsaum auf. Die Oberseite des Vogels wirkt daher geschuppt. Je älter der Vogel, desto mehr Glanz; je älter aber die einzelne Feder, desto weniger. Bei Jungvögeln sind Schwingen und Schwanzfedern schwarzbraun mit hellen Spitzen, die Armschwingen weisen weniger Glanz auf als bei Altvögeln.

Die 14 Schwanzfedern von Kormoranen sind ebenfalls schwarz, nur die Spule ist hell. Die Federn sind ausgesprochen schmal, flach, am Ende gerundet und sehr steif. Die kräftige Spule ist im Vergleich zu dem mit Fahnen besetzten Teil der Feder ungewöhnlich lang und auffallend fest. Der Schwanz ist gestuft: Die mittleren Steuerfedern sind etwa 20 cm lang, die äußeren etwa 15 cm. Weil die Federn sehr fest und tief eingewachsen sind, kann man sie bei einem toten Vogel nur schwer herausziehen. Die einzelne frische Feder und noch mehr ein ganzer Flügel oder Vogel strömen einen kräftigen moschusartig-fischigen Geruch aus.

Vorkommen und Mauser: Der Kormoran ist zu allen Jahreszeiten ein häufiger Vogel an den Küsten und Binnengewässern und brütet besonders in binnenländischen Baumkolonien, nutzt aber auch flache Inseln und selbst technische Bauwerke als Brutplatz. Außerhalb der Brutzeit sieht man die Vögel häufig auf Sandbänken, Schotterinseln, Seezeichen, Buhnen und Pfosten aller Art rasten, zur Brutzeit gilt das besonders für die Nichtbrüter. Wenn sie ihre Flügel eine Weile ausgebreitet halten, kann man auch Mauserlücken erkennen. Man findet im Sommer die angespülten Mauserfedern.

Ähnliche Arten: Vergleichbare Federn der nahe verwandten, aber seltenen und nur die Küsten bewohnenden Krähenscharbe (*Phalacrocorax aristotelis*) sind kürzer und schmaler. Sonst sind die kräftigen Federn des Großgefieders beim Kormoran durch Färbung, Geruch und Gestalt gut zu erkennen, was besonders für die Steuerfedern gilt.

Tafel Seite 144

Familie Ardeidae – Reiher

Rohrdommel *Botaurus stellaris*

Tarnfarbiges Gefieder im Schilfwald.

Federmerkmale: Der Flügel ist im Profil recht rund, sodass die 8. Handschwinge am längsten ist. Abgesehen von einer dunklen Spitze sind alle Handschwingen durch etwa neun schräg verlaufende dunkelbraune Bänder auf ockerfarbenem Grund gekennzeichnet. Die dunklen Bänder sind nur wenig breiter als die hellen Zwischenbänder und können zu einer Marmorierung reduziert sein. Die Oberfläche ist glatt. Der Schaft hebt sich in den äußeren zwei Dritteln seiner Länge dunkel ab. Bei den Armschwingen löst sich die Bänderung von der Spitze her in eine unregelmäßige Fleckung oder Marmorierung auf. Bei den Schirmfedern, die nicht länger, aber stärker zugespitzt sind als die übrigen Armschwingen, verschiebt sich die Fleckung hauptsächlich auf die Außenfahne. Der größte Teil des Deckgefieders ist ebenfalls dunkelockerfarben gemustert. Die (nur zehn) Steuerfedern sind mit etwa 10 cm auffallend kurz. Sie sind auf hellbeigem Grund dunkel marmoriert, die Innenfahne hat einen breiten, wenig gefleckten hellen Saum.

Vorkommen und Mauser: Die Rohrdommel ist in Gestalt, Färbungsmuster und Verhalten stark an ihren Lebensraum in großen geschlossenen Schilfbeständen angepasst. Die Mehrzahl der mitteleuropäischen Vögel zieht in der kalten Jahreszeit nach West- und Südwesteuropa ab, doch viele versuchen zu überwintern, wenn es die winterlichen Temperaturen zulassen. Die Vollmauser der Altvögel erstreckt sich vom Hochsommer bis in den Herbst hinein.

Ähnliche Arten: Wegen der ähnlichen Grundfärbung und Größe können die Federn der Rohrdommel mit denen des Uhus verwechselt werden, die Federn der Eule sind aber viel weicher und tragen einen schalldämpfenden Pelz auf der Oberseite. Auch besteht eine Verwechslungsmöglichkeit mit den Federn weiblicher Fasane. Fasanenfedern sind aber deutlich kürzer, schmaler und kräftiger gebogen.

Tafel Seite 145

Zwergdommel *Ixobrychus minutus*

Kurzer Schwanz mit grünem Glanz.

Federmerkmale: Der Flügel ist rund geschnitten, obwohl die Vögel Fernzieher sind. Der Flügelschnitt zeigt sich darin, dass die Handschwingen in ihrer Länge recht einheitlich sind: zwischen 9 und 11 cm. Sie sind beim Männchen schwarzbraun, beim Weibchen etwas heller. Nur die äußerste Handschwinge (H 10) weist einen schwachen lichten Saum an der Außenfahne auf. Das gilt auch für die größte Alulafeder. Auf den Außenfahnen der Hand- und Armschwingen liegt sonst ein schwacher dunkelgrüner Glanz, der sich zur Schulter hin verstärkt. Auch die etwa 15 Armschwingen sind durchweg schwarz. Die innersten Armschwingen und die Schulterfedern sind tiefschwarz, der dunkelgrüne Glanz ist kaum zu sehen. Die Steuerfedern sind mit etwa 5 cm Länge erstaunlich kurz, sehr schwach und in der Form rundlich und gewölbt. Sie tragen bei schwarzer Grundfärbung ebenfalls einen dunkelgrünen matten Glanz.

Vorkommen und Mauser: Die Zwergdommel bewohnt als kleinster heimischer Reiher im Sommer große oder kleine, gut bewachsene Stillgewässer und lebt verborgen in der Vegetation. Den Winter verbringt sie in Afrika. Die Vögel sind bei uns recht selten geworden. Die jährliche Vollmauser beginnt nach der Brut Ende Juli oder im August, wird aber für den Wegzug im August/September unterbrochen und erst im Überwinterungsgebiet abgeschlossen.

Ähnliche Arten: Wegen ihrer geringen Größe neigt man dazu, Federn der Zwergdommel für Singvogel- oder Rallenfedern zu halten. Gefundenes Kleingefieder und der Vergleich mit Abbildungen im Bestimmungsbuch können die Bestimmung erleichtern.

Tafel Seite 146

Nachtreiher *Nycticorax nycticorax*

Altvogel grau-schwarz, Jungvogel braun.

Federmerkmale: Dem runden Flügelschnitt entsprechen die relativ kurzen und breiten Handschwingen. Sie sind grau gefärbt, nur bei den äußeren hebt sich die etwas dunklere Außenfahne schwach ab. Die Spule ist weiß, der Schaft weitgehend grau wie die Fahnen. Die äußerste Handschwinge hat einen schmalen hellen Außensaum. Auch die 19 Armschwingen sind einheitlich trüb grau gefärbt. Das Gleiche gilt für die mit circa 10 bis 12 cm Länge recht schwachen Steuerfedern, bei denen sich der Schaft lediglich im Basalteil etwas hell abhebt. Das schwarze Rückengefieder kontrastiert stark mit den Flügeln.

Das Kleid der Jungvögel weicht erheblich vom Alterskleid ab. Die Schwingen sind graubraun, mit Ausnahme der äußeren Handschwingen tragen sie einen weißen Spitzenfleck. Helle Tropfenflecken auf dunkelbraunem Grund bestimmen das Kleingefieder.

Vorkommen und Mauser: Der Nachtreiher ist ein vorwiegend dämmerungsaktiver Zugvogel, der sich zum Brüten in dichtem hohem Gebüsch in Wassernähe, manchmal auch im Schilf niederlässt. Nach der Brut findet zwischen Hochsommer und Spätherbst eine Vollmauser statt.

Ähnliche Arten: Das Jugendkleid erinnert an das der Rohrdommel, doch ist der Vogel kleiner.

Tafel Seite 147

Graureiher *Ardea cinerea*

Jungvogel mit kontrastarmem Gefieder.

Federmerkmale: Große hellgraublaue Deckfedern sind typisch für den Graureiher. Die Schwingen sind jedoch oberseits dunkelgrauschwarz, nur zur Basis der Innenfahnen hin hellen sie sich grau auf. Die Spule ist weiß, der Schaft verdunkelt sich bald und passt sich den Fahnen an. Nur die inneren Armschwingen weisen die oben genannte blaugraue Tönung auf. Von der Unterseite her sind die Innenfahnen der Handschwingen und die Armschwingen ebenfalls grau. Die längsten Handschwingen können etwa 33 cm lang sein. Die zwölf Steuerfedern sind mit einer Länge von 16 bis 17 cm überraschend klein, in der Färbung grau mit etwas dunkleren Spitzen. Bei Jungvögeln sind die Steuerfedern mehr braungrau, den Schwingen fehlt der bläuliche Glanz. Die Scheitelfedern sind beim Altvogel verlängert, vom Hinterkopf hängen zwei bis zu 21 cm lange schwarze Schmuckfedern herab, die bei Jungvögeln noch fehlen.

Vorkommen und Mauser: Der Graureiher ist bei uns Jahresvogel, streicht aber weit umher und muss unter Kältewintern leiden. Brut meist kolonieweise in hohen Bäumen in Parks oder Wäldern. Nahrungssuche an Gewässern oder auf Wiesen und Äckern. Die jährliche Vollmauser beginnt schon vor dem Flüggewerden der Jungen im Juni und kann sich bis gegen Jahresende hinziehen.

Ähnliche Arten: Alle Federn tragen einen blaugrauen Schimmer und sind daran erkennbar. Im Gegensatz zu Störchen und Kranichen sind die Handschwingen deutlich weniger gewölbt und ungefingert.

Tafel Seite 148

Familie Ciconiidae – Störche

Weißstorch *Ciconia ciconia*

Vertrauter schwarz-weißer Sommergast.

Federmerkmale: Die Schwingen sind weitgehend glänzend schwarz mit einem schwachen grün-purpurnen Schimmer. Nur an der Basis setzt sich auf Innen- und Außenfahne ein weißes, etwa 2 cm breites Feld ab. Die Außenfahnen der inneren Handschwingen und der äußeren Armschwingen tragen eine weißliche Beschichtung wie vom Frost überhaucht. Die äußeren Handschwingen (5) 6 bis 11 weisen an den Außen- und Innenfahnen ausgeprägte Verengungen auf, eine für Segelflieger typische Fingerung. Die längsten Handschwingen können 45 cm lang sein. Die fünf schwarzen Alulaschwingen sind kräftig entwickelt und zugespitzt. Die inneren Handschwingen und die Armschwingen sind am Ende fein zugespitzt. Die Zahl der Armschwingen beträgt 22.

Die Steuerfedern, zwölf an der Zahl, sind breit und lang, im Umriss etwas gerundet und bei weißer Grundfarbe leicht gelblich getönt. Im gebrauchten Zustand sind sie gegen die Spitze hin mehr oder weniger verschmutzt und stark abgenutzt. Die mittlere Steuerfeder kann sich etwas grau abheben. Bei Jungvögeln ist das Körpergefieder oft stellenweise grau oder schwärzlich. Die Mittleren Oberen Armdecken tragen dunkle Spitzenflecken, besonders in Schulternähe.

Vorkommen und Mauser: Der Weißstorch ist ein wenig scheuer und populärer Sommervogel, der bei uns vor allem in grünlandgeprägten Niederungen in offener Kulturlandschaft in Gewässernähe lebt und kolonieweise oder einzeln auf Gebäuden in ländlichen Siedlungen oder auf Bäumen und Masten brütet. Die Mauser des Großgefieders verläuft gestaffelt und zieht sich über mehr als ein Jahr hin.

Ähnliche Arten: Die zwölf weißen, etwa gleich langen Schwanzfedern sind nicht so spitz wie beim Höckerschwan, sondern am Ende gerundet wie bei den anderen Schwänen, aber mit 24 bis 25 cm länger. Beim Schwarzstorch sind sie schwarzbraun. Beim Seeadler ist die Fahnenbasis der Steuerfedern dunkel pigmentiert, außerdem sind sie keilförmig gestuft. Die Basis von Hand- und Armschwingen ist beim Storch weiß, beim Kranich mattgrau. Das Flügelgefieder des Schwarzstorchs ist schwarzbraun mit leicht grünlichem Metallglanz. Stark glänzend sind insbesondere die Federunterseiten. Im Gegensatz zum Weißstorch reicht die dunkle Färbung des Federkiels fast bis zur Spule hinab.

Tafel Seite 149

Familie Pandionidae – Fischadler

Fischadler *Pandion haliaetus*

Flügelfedern kompakt und fest gebaut.

Federmerkmale: Die Handschwingen sind steif, mit kräftigem Schaft, sie erreichen eine maximale Länge von etwa 40 cm. Nur die vier äußeren Handschwingen sind „gefingert", das heißt, wie bei anderen großen Greifvögeln sind bei den äußeren Handschwingen die Außen- wie die Innenfahnen durch ausgeprägte Verengungen im Spitzenteil gekennzeichnet. Hier sind sie dunkel- bis schwarzbraun. Ein weißes Fleckenmuster begrenzt sich auf die Innenfahne, erreicht aber nicht den Schaft. Bei den inneren Handschwingen handelt es sich um fünf solcher Flecken und ein größeres helles Feld am unteren Ende der Innenfahne, das auch den Schaft erreicht. Ab der 6. Handschwinge reduziert sich die Zahl der hellen Flecken über vier, drei, zwei auf ein basales Feld. Man kann umgekehrt auch von dunklen Querbändern sprechen, die auf der Innenfahne aus dem Pigmentfeld am Schaft herausragen. Ganz ähnlich bei den insgesamt 21 Armschwingen: Bis etwa zur 7. zählt man am Innensaum der Innenfahne fünf bis sechs helle Flecken und das basale Feld. Danach reduziert sich die Zahl der Flecken. Die symmetrisch geformten innersten Armschwingen sind fast vollständig dunkelbraun. Ungeachtet ihrer Form als Schirmfedern verkürzen sie sich Schritt für Schritt, sind aber der Abnutzung durch Witterung und Tauchen im Wasser preisgegeben. Die Pigmentierung des Schaftes hebt sich meist nur wenig von der der Fahnen ab.

Die beidseitig jeweils sechs Steuerfedern haben einen dunklen Spitzenteil von 5 bis 6 cm Breite mit hellem Endsaum, besonders bei Jungvögeln. Während die mittlere Steuerfeder meist einheitlich grau- bis dunkelbraun ist und allenfalls angedeutete Querbinden trägt, weisen die Innenfahnen bei den übrigen auf weißem Grund drei bis fünf dunkle Querbinden auf, von denen die äußerste schon im dunklen Endteil der Feder verschwindet. Die Außenfahnen sind meist dunkel mit kaum erkennbarer Querbänderung. Die äußerste Steuerfeder ist heller als die übrigen. Bei Altvögeln ist der Schwanz recht gleichmäßig dunkel quer gebändert. Bei Jungvögeln sind Handschwingen, Armschwingen und Steuerfedern schmaler als bei Altvögeln und zugespitzt, kontrastarm gebändert und tragen im frischen Zustand breite beigefarbene Spitzensäume.

Vorkommen und Mauser: Der Fischadler ist ein nur langsam an Häufigkeit zunehmender Brut- und Sommervogel, vor allem im Nordosten, tritt aber bei uns zu den Zugzeiten im Frühjahr und im Spätsommer regelmäßig als Rastvogel und Durchzügler auf. Die Mauser des Großgefieders verteilt sich wegen ihrer Dauer auf das Jahr, wird jedoch zu den Zugzeiten unterbrochen.

Ähnliche Arten: Verwechslungsmöglichkeiten bestehen mit dem Rotmilan (äußere vier Handschwingen), dem Schwarzmilan (Armschwingen, da Fischadler ebenfalls nur schwach gebänderte oder völlig ungebänderte dunkle Armschwingen aufweisen können), dem Mäusebussard und dem Schlangenadler (Schwanzfedern). Wichtige Merkmale des Fischadlers gegenüber den genannten Arten sind der wesentlich kompaktere, festere Federaufbau und die recht schmalen Innenfahnen, was besonders bei den Armschwingen auffällt.

Tafel Seite 150

Familie Accipitridae – Greifvögel

Man kann bei einem fliegenden Greifvogel gut erkennen, wenn er das Großgefieder mausert. Flügel und Schwanz weisen dann meist symmetrische Mauserlücken auf. Die ausgeflogenen Jungvögel haben dagegen ein tadelloses, vollständiges Gefieder.

Rohrweihe *Circus aeruginosus*

Männchen mit zweifarbigem Flügel.

Federmerkmale: Der Handflügel besteht wie üblich aus zehn, der Armflügel aus dreizehn Schwingen und der Schwanz hat zwölf Steuerfedern. Bei den Schwingen des alten Männchens gibt es einen Farbkontrast: Während die äußeren fünf bis sechs Handschwingen bis auf eine weiße Basis schwärzlich sind, weisen die inneren Hand- und die Armschwingen auf den Außenfahnen eine silbergraue Färbung auf, auf den Innenfahnen sind sie überwiegend weiß, die Federspitzen breit dunkelgrau gefärbt. Eine Bänderung ist nur selten vorhanden. Die Schwingen der Weibchen sind tiefdunkelbraun, beim alten Weibchen nur leicht silbergrau angehaucht. Bei den Handschwingen wie bei den Armschwingen ist die Innenfahne an der Basis etwas aufgehellt und auf hellbräunlichem Grund fein gefleckt. Die Schirmfedern sind verkürzt, wirken dünn und sind ganz dunkel. Die Großen Oberen Armdecken weisen beim Jungvogel eine hellbraune Spitze auf, beim weiblichen Altvogel sind sie einheitlich dunkelbraun.

Die zwölf Steuerfedern erreichen eine maximale Länge von 23 bis 28 cm und wirken recht schlank. Sie sind beim Männchen graubräunlich mit silbergrauem Schimmer, jedoch an der Basis aufgehellt, was sich bei der äußeren Steuerfeder noch verstärken kann. Hier tritt auch eine rostfarbene Tönung auf. Beim alten Weibchen sind sie dunkelbraun bis rotbraun mit mehr oder weniger ausgeprägter brauner Wölkung oder Bänderung, beim Jungvogel dunkelbraun mit schwachem hellem Spitzenband. Besonders die äußeren Steuerfedern des Jungvogels können an der Basis der Innenfahne bräunlich aufgehellt sein.

Vorkommen und Mauser: Die Rohrweihe ist bei uns ein Sommervogel. Sie hält sich von März bis Oktober an flachen Stillgewässern oder Flüssen auf und baut ein Nest im hohen Schilf. Die Vollmauser beginnt bei den Weibchen schon während der Brutzeit im Mai, bei den Männchen etwas später, sie endet im Oktober.

Ähnliche Arten: Die Steuerfedern der Rohrweihe sind nahezu einfarbig, was sie von den überwiegend gebänderten Schwanzfedern anderer

Weihen und sonstiger Greifvögel unterscheidet. Eine Ausnahme bilden die ebenfalls ungebänderten grauen Schwanzmittelfedern von Korn-, Wiesen- und Steppenweihen-Männchen. Auch die etwa gleichlange mittlere Schwanzfeder des Fischadlers weist meist keine ausgeprägte Bänderung auf, sie ist aber im Vergleich zu denen der Weihen viel fester und glatter.

Tafel Seite 151

Rotmilan *Milvus milvus*

Typisch gegabelter Schwanz rotbraun.

Federmerkmale: Die Rotfärbung beschränkt sich auf den Schwanz und das Kleingefieder. Die längste Handschwinge erreicht eine Länge von etwa 50 cm. Die äußeren Handschwingen sind zum größten Teil schwarzbraun, nur das basale Drittel (maximal die Hälfte) der Innenfahne ist weiß mit gewölktem Übergang. Bei den Handschwingen 6 bis 10 ist die Innenfahne von der Spitze her stark und weit eingeschnitten („Fingerung"), die Außenfahne nur bei 5 bis 8. Bei den inneren Handschwingen 1 bis 5 ist das helle Feld auf der Innenfahne zu den Spitzen hin ausgedehnt, darin zeichnen sich etwa acht recht schmale, auffallend parallel verlaufende Querbänder ab. Diese Federn wirken von der Unterseite her hell. Das Färbungsmuster der Handschwingen erzeugt beim fliegenden Vogel von unten betrachtet ein helles Feld zwischen Armflügel und Handspitze. Die breiten Armschwingen sind fast ganz schwarzbraun mit nur schwach angedeuteten acht bis zehn Querbändern. Das Muster wird erst etwa ab der 12. Armschwinge kontrastreicher, weil sich der Untergrund aufhellt. Hier sind auch die Schäfte dunkler als die Fahnen.

Die Gabelung des Schwanzes ist stark ausgeprägt. Die äußeren Steuerfedern sind etwa 10 cm länger als die inneren und erreichen eine Länge von fast 40 cm. Die matt rotbraune Färbung der mittleren Steuerfedern weicht nach außen hin besonders auf der Außenfahne allmählich einem trüben Braun, die Innenfahne gewinnt bis zu zwölf schmale, etwas unregelmäßige Querbänder. Die Basis ist weißlich, die Spitze trägt einen breiten hellen Saum. Die Federunterseite ist heller als die Oberseite, am Schaft gibt es hier Spuren von Bänderung.

Vorkommen und Mauser: Der Rotmilan, noch mehr der verwandte Schwarzmilan, tritt nicht nur in offener waldreicher Kulturlandschaft, sondern ebenfalls oft an größeren Gewässern auf, wo er sich gern tote Fische von der Wasseroberfläche holt. Er ist auch sonst Aas- und Kleintierfresser. Die meisten der Vögel ziehen im Winter nach West- oder Südeuropa, doch gibt es zunehmend Überwinterungen. Die Vollmauser beginnt bei den Weibchen schon im April oder Mai, bei den Männchen etwas später.

Ähnliche Arten: Bei dem in Mitteleuropa vielerorts selteneren Schwarzmilan sind die Steuerfedern nicht rotbraun, sondern dunkelbraun mit schwacher dunkler Querbänderung. Die Gabelung des Schwanzes ist hier nur angedeutet, beim Rotmilan („Gabelweihe“) jedoch stark ausgeprägt. Die Handschwingen sind auf den Innenfahnen durchweg auf hellgraubraunem Untergrund quer gebändert. Vgl. auch Fischadler (S. 65).

Tafel Seite 152

Seeadler *Haliaeetus albicilla*

Federmerkmale: Alle Federn sind hart und monumental lang (bis 45 cm) und breit. Der Schaft kann beim Weibchen eine Dicke von 1 cm erreichen. Die Schwingen sind dunkelbraun, an der Basis etwas aufgehellt und mit weißlichem Dunenbesatz. Die Kiele sind bis weit in die Fahnen hinein weiß. Die Spitzen der Handschwingen sind schwarzbraun, noch dunkler als die der Armschwingen. Bei den äußeren sieben Handschwingen sind sie als lange Finger ausgeprägt. Die Armschwingen sind bei Jungvögeln meist zugespitzt. Besonders die inneren Hand- und

Der dunkle Schnabel ist typisch für den jungen Seeadler.

die inneren Armschwingen sowie die sich verkürzenden Schirmfedern weisen oft eine unterschiedlich ausgedehnte gräulich weiße Sprenkelung bzw. Marmorierung vor allem auf den Innenfahnen auf. Mit seinen brettartigen Flügeln kann der Seeadler sehr gut segeln.

Ein Seeadler hat zwölf Schwanzfedern. Während die längsten Handschwingen durchaus knapp 60 cm Länge erreichen können, liegen die mittleren Steuerfedern nur bei 26 bis 40 cm, die äußeren sind etwa 5 cm kürzer als die zentralen. Daraus ergibt sich besonders bei Altvögeln die keilförmige Gestalt des Schwanzes. Bei ihnen ist der im Flug sichtbare Teil des Schwanzes weiß. Die einzelne Feder weist jedoch ein individuell variierendes graubraunes Muster an der Basis auf. Ein diesjähriger oder vorjähriger Jungvogel hat noch viel mehr Pigment auf den ganzen Schwanz verteilt, besonders an den Außensäumen der Fahnen. Im 3. oder 4. Jahr ist der Schwanz bereits ausgedehnt weiß, doch bleibt bei vielen Individuen ein dunkles Band an der Federspitze. Insgesamt ist das Großgefieder der Flügel und des Schwanzes bei Jungvögeln länger und der Schwanz weniger keilförmig als bei Altvögeln. Ein weißer Schwanz wird erst mit etwa fünf Jahren erreicht. Die Männchen sind etwas kleiner als die Weibchen. Die Steuerfedern variieren von Individuum zu Individuum.

Vorkommen und Mauser: Der Seeadler ist durch konsequente Schutzmaßnahmen in seinem Vorkommen besonders in Norddeutschland gesichert und in Ausbreitung begriffen. Er lebt ganzjährig meist in der Nähe der Küste und an großen Binnengewässern. Die vollständige Erneuerung des Großgefieders findet vorwiegend im Sommer statt, zieht sich aber im Allgemeinen über mehr als ein Jahr hin. Im Winter wird eine Mauserpause eingehalten.

Ähnliche Arten: Der Seeadler ist der größte hier behandelte Greifvogel; seine Federn sind wegen ihrer Größe kaum verwechselbar. Am besten sind die bis auf die Basis weißen Steuerfedern alter Vögel zu erkennen. Kleinere Flügelfedern können mit großen Graugansfedern verwechselt werden, die eine ähnliche Grundfärbung und außerdem den typischen ausgedehnt weißen Kiel aufweisen.

Tafel Seite 153

Familie Gruidae – Kraniche

Kranich *Grus grus*

Ellenbogenfedern bilden den „Schwanz".

Federmerkmale: Kraniche haben zehn Handschwingen von etwa 30 bis über 40 cm Länge. Sie sind schwarz, im untersten Teil der Fahnen ein wenig grau aufgehellt. Die inneren fünf Handschwingen sind deutlich zugespitzt, an der Spitze überragen die Außenfahnen die Innenfahnen etwas. Die äußeren fünf Handschwingen sind extrem gewölbt und gefingert, das heißt, sowohl an den Innen- wie an den Außenfahnen von der Spitze her weit herablaufend verengt. Auch die etwa zwanzig Armschwingen sind hauptsächlich schwarz, doch hellen sie sich auf der Innenfahne nach innen hin zunehmend grau auf. Sie sind schwach zugespitzt, die Innenfahnen überragen an der Spitze die Außenfahnen etwas. Zum Oberarm hin werden sie immer grauer, breiter und länger. Von der Schulter her fallen stark verlängerte, sichelförmige Ellenbogenfedern mit zerschlissenen Fahnen weit über den kurzen Schwanz herab. Die zwölf Steuerfedern haben eine Länge von meist über 20 cm, variieren aber zwischen 18 und 25 cm; die mittleren sind länger als die äußeren, stärker gewölbt, breiter und symmetrischer. Etwa die basalen zwei Drittel ihrer Länge sind grau, zur Spitze hin geht das Grau in Schwarz über. Die Körperdecken sind grau, die oberen Flügeldecken teilweise hellgrau, die Schulterfedern haben eine schwarze tropfenförmige Spitzenzeichnung. Alle grauen Flügeldecken der Flügeloberseite sowie die Schulterfedern haben einen schwarzen Schaft – das sicherste Unterscheidungsmerkmal zum Graureiher und den grauen Gänsen. Zur Brutzeit färben sich die Deckfedern der Oberseite oft rostbraun, was durch Imprägnieren mit der Farbkomponente von braunem eisenhaltigem Schlamm oder Moorwasser durch die Vögel zustande kommt. Im Herbst sind Junge wie Alte hellgrau.

Vorkommen und Mauser: Die Population des Grauen Kranichs hat sich nach konsequenten, langfristigen Schutzmaßnahmen erholt und befindet sich von Nordosten her in Ausbreitung der Brut- und Überwinterungsbestände. Das Gros der Vögel zieht derzeit noch ab Oktober in Überwinterungsgebiete in Frankreich und Spanien, um ab Februar zurückzukehren. Brutbiotope sind bei uns vorwiegend nasse Niederungen mit Moor- und Bruchwäldern, auch sehr kleine Flächen. Außerhalb der Brutzeit halten sich die Vögel in Acker- und Wiesenlandschaften auf und nutzen Gemeinschaftsschlafplätze in Flachwasserzonen von Seen und Küsten. Die erste Vollmauser des jungen Vogels erfolgt im Sommer des zweiten Kalenderjahres. Weitere Vollmausern schließen sich alle zwei bis vier Jahre an. Dabei sind die Vögel nach synchronem Abwurf der Schwingen für fünf bis sechs Wochen flugunfähig.

Ähnliche Arten: Die Schwanzfedern der Meeresgänse einschließlich der Kanadagans sind deutlich schmaler, einheitlich schwarz und nicht basal grau. Beim Graureiher sind sie durchweg heller blaugrau, allenfalls mit bräunlicher Tönung, beim Weißstorch weiß und beim Schwarzstorch schwarz mit Purpurglanz. Ferner sind beim Graureiher die äußeren Handschwingen längst nicht so tief gefingert wie beim Kranich und fast ohne Wölbung; außerdem sind die Außenfahnen gegenüber den Innenfahnen an der Basis verkürzt.

Tafel Seite 154

Familie Rallidae – Rallen

Die Schwingen der kleinen Rallenarten sind wenig gewölbt, meist recht breit und zart gebaut. Die Steuerfedern sind kurz und zart, die äußeren stark einwärtsgebogen. Rallen haben 10 bis 11 Handschwingen, 13 bis 20 Armschwingen und 10 bis 16 Steuerfedern. Bei den europäischen Arten werden die Schwingen synchron gemausert, sind aber kaum aufzufinden. „Erfolgt die Flügelmauser aber synchron, dann versteckt sich der flugunfähige oder flugbehinderte Vogel so beharrlich im Pflanzendickicht, daß er dem Sammler entgeht …“ (Stresemann & Stresemann 1966).

Wasserralle *Rallus aquaticus*

Federmerkmale: Die Handschwingen sind sehr flach, also mit nur sehr schwacher Wölbung zur Oberseite hin versehen. Sie sind dunkelbraun mit schwacher Olivtönung, ebenso die äußeren Armschwingen. Die Schäfte heben sich dunkel von den etwas durchscheinenden Fahnen ab. Die inneren Armschwingen und die Steuerfedern haben dagegen eine schwarzbraune Mitte und deutlich hellere, breite und olivbraune Säume. Die Steuerfedern sind schwarz, recht zart und breit, die äußeren deutlich nach innen gebogen. Auffallend sind die langen weißen Unterschwanzdecken und die mit zwei weißen Querbändern oder einem weißen und einem hellbraunen Querband versehenen, im Übrigen aber schwarzen Flankenfedern.

Schilfvogel mit gebänderter Flanke.

Vorkommen und Mauser: Die Wasserralle ist ein lokal häufiger, aber im Bestand abnehmender Sommervogel mit teilweiser Tendenz zum Überwintern. Sie brütet in hoher und dichter Ufervegetation, besonders in Röhricht und Großseggen, und gibt ihre Anwesenheit vorwiegend durch ihre Stimme kund. Die synchrone Vollmauser läuft nach Ende der Brut in der Zeit zwischen Juli und September ab, wobei die Vögel etwa drei Wochen lang flugunfähig sind. Wegen der verborgenen Lebensweise wird man Mauserfedern jedoch selten finden, eher Rupfungen oder ganze Vögel, die durch Anfliegen oder im Winter durch Verhungern ihr Leben lassen.

Ähnliche Arten: Eine Verwechslung der Federn mit denen des Tüpfelsumpfhuhns kann anhand der feinen weißlichen „Tüpfel“ bei dieser Art ausgeschlossen werden.

Tafel Seite 155

Tüpfelsumpfhuhn *Porzana porzana*

Federmerkmale: Die Grundfarbe des Großgefieders ist ein mattes Graubraun, die Handschwingen etwas dunkler, die Armschwingen heller. Die Federn sind wie bei der Wasserralle recht flach und breit. Die Schäfte sind kaum dunkler als die Fahnen. Nur die 10., die äußerste Handschwinge hat eine helle Außenfahne, die übrigen Handschwingen und die Armschwingen 1 bis 8 sind einfarbig.

Die innersten Armschwingen sind verlängert, zugespitzt und farblich differenziert. Die Innenfahne trägt einen breiten hellbraunen Saum, über die Außenfahne ziehen auf dunklem Grund ein bis fünf weißliche, schmale und unregelmäßige Querbänder. Die Zahl der Schwanzfedern beträgt zehn. Sie sind schwach und schmal, die äußeren mehr nach innen gebogen, die inneren gerade, und sie können Andeutungen einer weißen, wie mit einem Stift gekritzelten Zeichnung tragen.

Im Sommer zeitweise flugunfähig.

Vorkommen und Mauser: Das Tüpfelsumpfhuhn, auch Tüpfelralle genannt, bewohnt als Sommervogel Sumpfgebiete und Verlandungszonen mit niedrigem Wasserstand und dichter Vegetation. Die Vollmauser der Altvögel beginnt ab Mitte Juli, meist aber im August, und endet vor dem Abzug spätestens im Oktober. Dabei werden alle Schwingen, Flügeldecken und Steuerfedern gleichzeitig abgeworfen, sodass die Vögel etwa drei Wochen lang nicht fliegen können. Man wird jedoch nur selten Gelegenheit haben, einzelne Mauserfedern oder Rupfungen des heimlichen und seltenen Vogels aufzufinden.

Ähnliche Arten: Die etwa gleich große Wasserralle hat ein sehr ähnliches Großgefieder. Sichere Unterscheidungsmerkmale der Tüpfelralle sind jedoch die weißen dünnen Kritzel auf den Schirmfedern und an den Fahnenrändern der mittleren Schwanzfedern. Zwerg- und Kleines Sumpfhuhn haben ebenfalls eine große Ähnlichkeit, sind aber wesentlich kleiner.

Tafel Seite 156

Teichhuhn *Gallinula chloropus*

Federmerkmale: Die Handschwingen sind wenig gewölbt und recht einheitlich in ihrer Länge (etwa 12 cm). Alle Schwingen sind schwarzbraun mit leicht olivgrüner Tönung, die Schäfte heben sich schwarz von den Fahnen ab; nur die Spule ist weiß. Die äußerste (11.)

Handschwinge hat ebenso wie die große Alulafeder einen weißen Saum an der Außenfahne. Beim Teichhuhn findet man 12 bis 14 Armschwingen.

Die beiderseits sechs schwarzen Schwanzfedern sind relativ zart, die mittleren etwa 7 cm lang, die äußeren sind mit etwa 5 cm bedeutend kürzer, schmaler und deutlich nach innen gebogen. Sie tragen einen Hauch von olivbrauner Färbung und einen schwachen grünlichen Glanz. Der sehr häufig ruckartig gestelzte Schwanz wird aber erst durch die prominenten weißen Unterschwanzdecken mit schwarzer Mitte auffällig. Bezeichnend sind graubräunliche Flankenfedern mit einem beim Männchen etwa 4 mm breiten weißen Schaftstrich bis zur Spitze. Beim Weibchen ist er schmaler.

Der Schwanz kann ruckartig gestelzt werden.

Vorkommen und Mauser: Teichhühner brüten in Uferzonen und Verlandungsgürteln nährstoffreicher Gewässer des Tieflandes, oft auch in sehr kleinen Flächen, Parkteichen, Tümpeln und Gräben. Das Wanderverhalten ist variabel: ein fakultativer Kurzstreckenzieher. Die Altvögel führen im Sommer ab Mitte Juli zwischen Ende der Brut und Abzug eine Vollmauser durch, bei der sie zeitweise ihre Flugfähigkeit einbüßen.

Ähnliche Arten: Die Federn sind kleiner als die des Blässhuhns, aber größer als die der anderen Rallen. Bezeichnend sind die beschriebenen Deckfedern des Unterschwanzes und der Flanke.

Tafel Seite 157

Blässhuhn *Fulica atra*

Federmerkmale: Anders als bei den kleineren Rallenarten sind die Handschwingen von Blässhühnern stark gewölbt und stabil. Blässhühner haben 10 ausgebildete Handschwingen mit einer Länge von maximal 15 cm, 17 bis 20 Armschwingen und 12 bis 16 Schwanzfedern, das heißt beiderseits 6 bis 8, von je etwa 7 cm Länge. Die Flügel sind sehr rund geschnitten, sodass die Handschwingen 2 bis 10 alle etwa gleich lang sind. Während die Handschwingen des Teichhuhns einen bräunlichen Ton tragen, sind die des Blässhuhns durchscheinend blaugrau mit schwarzen Spitzen. Der unterste Teil des Schaftes einschließlich der Spule ist hell, der Rest schwarz. Die äußerste Handschwinge kann einen feinen weißlichen Saum an der Außenfahne tragen, ebenso die große Alulaschwinge. Die recht breiten Armschwingen sind zugespitzt und haben eine weiße Spitze, die sich auf der Innenfahne auch noch ein Stück den Schaft entlangzieht. Diese Aufhellung erzeugt im geöffneten Flügel einen hellen Flügelhintersaum. Das Weiß ist am stärksten an den Innenfahnenspitzen der mittleren Armschwingen entwickelt. Die Schirmfedern sind wieder stumpf anthrazitschwarz, ebenso die Steuerfedern und die Schwanzdecken. Der braunschwarze Schwanz ist recht kurz, die Steuerfedern messen um die 6 cm.

Ganzjährig einer der häufigsten Wasservögel.

Vorkommen und Mauser: Das Blässhuhn ist ein häufiger Brutvogel sowie Sommer- und Wintergast an größeren Gewässern mit flachen Ufern und niedriger Ufervegetation. Die Vollmauser erfolgt je nach Stand des Brutgeschäfts ab Juni bis in den Herbst hinein. Durch synchrones Abwerfen der Schwingen sind die Vögel etwa vier Wochen lang flugunfähig.

Ähnliche Arten: Die Schwingen sind größer und stärker gewölbt als bei anderen Rallenarten; die graublauen Armschwingen haben eine helle Spitze, was bei den anderen heimischen Rallen nicht vorkommt.

Tafel Seite 158

Familie Haematopodidae – Austernfischer

Austernfischer *Haematopus ostralegus*

Partner am Nest, langfristig verpaart.

Federmerkmale: Die Handschwingen sind durch ihr „scheckiges" Schwarz-Weiß-Muster sehr charakteristisch. Die inneren haben eine weiße Basis und eine schwarze Spitze, wobei das Schwarz auf der Innenfahne weiter zur Basis hin reicht als auf der Außenfahne. In der Handflügelmitte macht sich ein weißer Fleck auf der Außenfahne der Schwingen selbstständig und begleitet nach außen hin von Feder zu Feder schmaler werdend den Schaft nahe der Federspitze. Bei den äußersten beiden Handschwingen bleiben nur ein helles begrenztes Feld auf der Innenfahne und eine kleine Aufhellung des Schaftes im Spitzendrittel übrig.

Bei den Armschwingen sind die Spitzen etwa bis zu einem Drittel der Federlänge abgeschrägt schwarz. Zum Körper hin nimmt das Schwarz mehr und mehr ab, was auch für die oberen Flügeldecken gilt. Die inneren Armschwingen und die zugehörigen Decken sind völlig weiß. Erst bei den Schirmfedern tritt wieder Schwarz auf, das bis zur Spitze reicht.

Austernfischer haben im Schwanz eine breite schwarze Endbinde, die sich über alle Steuerfedern hinzieht und von der Spitze her mehr als ein Drittel der Federlänge einnimmt. Sie verringert sich allerdings zur Schwanzseite hin auf etwa ein Viertel der Federlänge. Die Federn werden überdies nach außen hin etwas kürzer und schmaler. Die schwarze Endbinde des Schwanzes ist breiter als beim Kiebitz, jungen Lachmöwen und der kleineren Uferschnepfe. Im Flugbild ergeben sich beim Austernfischer ein weißer Hinterrücken und Oberschwanz und eine auffallende schwarze Endbinde; außerdem ein schwarzer Flügel mit weißer Binde, die sich zur Flügelspitze hin allmählich abschwächt und innen den Körper nicht erreicht. An der Gefiederfärbung kann man Jung- und Altvögel unterscheiden. Die dunklen Partien sind bei den Jungen bräunlich getönt, bei den Alten, jedenfalls im frischen Zustand, tiefschwarz.

Vorkommen und Mauser: Der Austernfischer ist ein sehr häufiger, charakteristischer und populärer Küstenvogel, der sogar schon damit begonnen hat, sich an Gewässern im Binnenland anzusiedeln. Er ist schwarz-weiß-rot gefärbt, doch beschränkt sich das Rot auf die Augen, den Schnabel und die Beine, das Gefieder ist schwarz und weiß. Da Austernfischer bei uns vom Frühsommer bis zum Jahresende mausern und ihre Federn auffällig sind, werden sie häufig am Ufer gefunden.

Ähnliche Arten: Schwanzfedern mit schwarzer Endbinde gibt es auch bei der Uferschnepfe, beim Kiebitz, beim Steinwälzer und bei jungen Sturm-, Lach-, Dreizehen- und Zwergmöwen sowie – in anderer Ausführung – bei der adulten Brandgans und größer bei jungen Großmöwen. Die ähnlichen, aber kleineren Handschwingen des Kiebitzregenpfeifers findet man nicht im Binnenland, dagegen eher (aber noch immer selten genug) Federn der Uferschnepfe, die jedoch ebenfalls kleiner sind als die des Austernfischers.

Tafel Seite 159

Familie Recurvirostridae – Säbelschnäbler-Verwandte

Säbelschnäbler *Recurvirostra avosetta*

Federmerkmale: Im weißen Handflügel gibt es ein kennzeichnendes schwarzes Spitzendreieck, das auf den Handschwingen seine Spuren hinterlässt. Die äußerste Handschwinge (10.) ist bis auf eine kleine weiße Basis sogar völlig schwarz. Bei den nach innen folgenden zieht sich das Schwarz allmählich zur Federspitze hin zurück, bei der 3. Handschwinge von innen ist nur die Spitze der Außenfahne noch pigmentiert.

Schwarz-weiß mit aufgebogenem Schnabel.

Die Großen Oberen Handdecken machen das entsprechend mit. Sämtliche Armschwingen sind cremeweiß, nur die Schirmfedern sind wieder dunkel oder hellbraun pigmentiert. Bei den Jungvögeln tragen sie gegen die Spitze einen graubeigen Fleckensaum, beim Altvogel sind sie ganz dunkel mit breiter heller Spitze, die dadurch stark der Abnutzung ausgesetzt ist. Die Steuerfedern sind weiß (Altvögel) bis grauweißlich (Jungvögel) und haben oft einen schmutzig grauen Spitzensaum.

Vorkommen und Mauser: Säbelschnäbler sind Sommervögel und bewohnen im Binnenland vegetationsarme Seichtwasserzonen von flachen Gewässern in weitläufiger offener Landschaft. Säbelschnäbler führen nach der Brut etwa von Mitte Juli bis Ende September eine Vollmauser durch. Dazu suchen sie gemeinschaftliche Mauserplätze auf.

Ähnliche Arten: Stufige Schwarzfärbung in den äußeren Handschwingen und weiße Armschwingen: Das macht kein anderer heimischer Vogel nach.

Tafel Seite 160

Familie Charadriidae – Regenpfeifer (einschließlich der Familie Vanellidae – Kiebitze)

Bei den Regenpfeifer-Verwandten werden die inneren Armschwingen mit den Nummern 11 bis 15 (16), die Schirmfedern, zweimal im Jahr erneuert und damit jeweils dem Ruhe- und dem Prachtkleid angepasst. Die äußeren Armschwingen 1 bis 10 und die Handschwingen werden nur einmal gemausert.

Goldregenpfeifer *Pluvialis apricaria*

Federmerkmale: Die Hell-Dunkel-Färbung in Hand- und Armschwingen ist ähnlich verteilt wie beim Kiebitzregenpfeifer, doch ist die dunkle Tönung eher mattbraun. Im Flug zeigen Goldregenpfeifer einen nur schwach ausgeprägten, diffusen weißlichen Flügelstreif, der sowohl körperwärts als auch zur Flügelspitze hin ausläuft. Die inneren Handschwingen sorgen dafür durch eine helle Färbung in der Basishälfte der Außenfahne, in den äußeren Handschwingen ist nur eine Aufhellung des Schafts beteiligt. Der Schaft zeigt hier also folgendes Färbungsmuster von der Spule her: hell-dunkel-hell-dunkel. Auf der Unterseite der Feder ist der Schaft ganz hell. Die Armschwingen tragen keinen oder nur einen sehr schwach ausgeprägten Endsaum und eine helle Basis, die aber von den Armdecken verdeckt wird. Die verlängerten Schirmfedern weisen am Saum von Innen- und Außenfahne jeweils ein ausgeprägtes beigegolden getöntes, schräg gestelltes Sägezahnmuster auf. Die Steuerfedern sind durchweg eng beige-braun quer gebändert. Bei der mittleren Steuerfeder ist die Bänderung durch Pigment fast wegschattiert.

Als Durchzügler scharenweise auf Äckern.

Vorkommen und Mauser: Goldregenpfeifer sind Brutvögel nordeuropäischer Moore, Heiden, Bergwiesen und Tundren. Sie rasten während des Wegzugs und Heimzugs bei uns im Grünland und auf Ackerflächen, wo sie auch Nahrung suchen. Sie scheinen, weil sie bei uns so gut wie immer in Gruppen zusammenhalten, gegen fliegende Beutegreifer gut gewappnet zu sein, sodass Rupfungen selten gefunden werden. Die Mauser der Handschwingen beginnt schon im Juni/Juli während der Brut und setzt sich bis gegen Jahresende im Mauser- und Überwinterungsgebiet fort. Im Frühjahr werden außer dem Kleingefieder innere Armschwingen und mittlere Steuerfedern erneuert.

Ähnliche Arten: Im Vergleich zum kontrastreichen Kiebitzregenpfeifer hat der Goldregenpfeifer in den quer gebänderten, dunkleren Steuerfedern viel weniger Kontrast aufzuweisen. Das gilt auch für die Schwingen.

Tafel Seite 161

Kiebitz *Vanellus vanellus*

Federmerkmale: Ganz unverkennbar sind die äußeren vier Handschwingen, deren Spitzen verschmälert sind (bei Jungvögeln stärker als bei Alten) und sich gleichzeitig durch eine mattbräunliche bis weißliche Aufhellung von der sonst schwarzen Feder abheben. Hier gibt es auch Geschlechterunterschiede. Beim Männchen ist der helle Fleck spitzennah konzentriert, beim Weibchen zur Basis hin ausgedehnter. Die inneren sechs Handschwingen sind ganz schwarz, nur die Spule ist weiß und ihre weiße Färbung erstreckt sich noch ein Stückchen in die dunkle Fahne hinein. Diese Schwingen sind übrigens beim Männchen länger als beim Weibchen und geben dem Flügel eine breitere, lappigere Form. Im geöffneten Flügel führt das dazu, dass beim Männchen die 6. Handschwinge sogar länger ist als die 10., beim Weibchen ist selbst die 7. deutlich kürzer als die 10. Die Armschwingen mit Ausnahme der Schirmfedern sind schwarz-weiß. Der weiße Basalteil nimmt ein Drittel bis die Hälfte der Federfläche ein; die Schwarz-Weiß-Grenze verläuft aber schräg über die Feder, sodass die Innenfahne sehr viel mehr Weiß hat als die Außenfahne. Die Schirmfedern sind dunkel und weisen schon den grünlichen Schimmer des Rückengefieders auf.

Frühlingsbote mit langer Federholle.

Der Schwanz trägt eine breite schwarze Endbinde, die sich von der mittleren bis zur äußersten Steuerfeder hinzieht, allerdings von innen nach außen schmaler wird, von etwa 5 cm innen bis etwa 1 cm außen. Die äußerste Steuerfeder trägt bei manchen nur noch einen schmalen schwarzen Fleck auf der Innenfahne. An der Spitze der Steuerfedern schließt sich an das schwarze Band ein wenige Millimeter breiter heller Saum an. Der Übergang vom schwarzen Endband zum weißen Basalteil kann durch einen bräunlichen Saum markiert sein, der aber manchmal fehlt. Matt orangebraun bis leuchtend orangefarben sind auch die Unterschwanzdecken des Vogels.

Vorkommen und Mauser: Der Kiebitz ist zwar ein bei uns selten werdender Wiesenvogel, er tritt aber zu den Zugzeiten und in milden Wintern häufig im Feuchtgrünland auf, und zwar oft in größeren Scharen. Schon im Mai/Juni jedes Jahres sieht man Trupps, die auf dem „Zwischenzug“ oder Frühwegzug unterwegs sind und dann auch bald zu mausern beginnen. Der Kiebitz wirkt insgesamt grünlichdunkelbräunlich, wenn er sitzt oder steht, aber im Flug zeigt er ein klares Schwarz-Weiß-Muster, das auch die Federn des Großgefieders widerspiegeln.

Ähnliche Arten: Der Kiebitz ist größer als jeder Strandläufer und Regenpfeifer, doch könnte man gewisse Federn mit denen von Uferschnepfen verwechseln.

Tafel Seite 162

Flussregenpfeifer *Charadrius dubius*

Federmerkmale: Dem Flügel des Flussregenpfeifers fehlt das ausgeprägte helle Flügelband, das bei Sand- und Seeregenpfeifer vorhanden ist. Nur bei Jungvögeln ist eine sehr schwache Flügelbinde im Flug angedeutet, die auf schmale helle Spitzensäume der Großen Oberen Armdecken zurückgeht. Die einheitlich dunklen inneren Handschwingen weisen im frischen Zustand ein feines helles Endband auf, das im Armflügel nach innen hin breiter wird. Die Handschwingen werden nach außen hin dunkler, nur in der 10. setzt sich der Schaft über den größten Teil seiner Länge weiß ab. Nach elf Armschwingen folgen drei stark verlängerte dunkelbraune Schirmfedern mit hellen Außensäumen. Die Schwanzfedern verdunkeln sich gegen ihr Ende hin und gehen dann in einen scharf abgesetzten weißen Endfleck über, der im Schwanz von innen nach außen größer wird. Die Steuerfeder 5 hat zusätzlich einen weißen Saum an der Außenfahne, die Steuerfeder 6 ist bis auf einen dunklen Fleck auf der Innenfahne weitgehend weiß.

Jungvogel mit schuppiger Oberseite.

Vorkommen und Mauser: Flussregenpfeifer sind fast überall an Süßwasser oder Brackwasser gebunden. Typische Lebensräume sind unbewachsene Schotter- und Kiesbänke in Flussbetten und andere Rohbodenflächen. Die Vögel werden sogar durch kleine künstliche Sand- und Kiesaufschüttungen angezogen. Die Vollmauser beginnt am Ende des Brutgeschäfts mit den inneren Handschwingen, wird aber im Allgemeinen bei den mitteleuropäischen Vögeln in der Camargue fortgesetzt oder abgeschlossen, bevor sie in das tropische Überwinterungsgebiet nach Westafrika ziehen.

Ähnliche Arten: Beim etwas größeren Sandregenpfeifer sind die Steuerfedern ähnlich, doch zieht sich bei ihm durch den ganzen Flügel ein helles Flügelband, das dem Flussregenpfeifer fehlt. Das macht sich in den Schwingen bemerkbar.

Tafel Seite 163

Familie Scolopacidae – Schnepfen-Verwandte

Bei den Schnepfenvögeln wie bei den Regenpfeifern werden die inneren Armschwingen mit den Nummern 11 bis 15 (16), die Schirmfedern, zweimal im Jahr erneuert und damit jeweils dem Ruhe- und dem Prachtkleid angepasst. Die äußeren Armschwingen 1 bis 10 werden dagegen nur einmal gemausert.

Großer Brachvogel *Numenius arquata*

Das Männchen (Abb.) hat einen kürzeren Schnabel als das Weibchen.

Federmerkmale: Die Handschwingen sind die längsten und auffälligsten Watvogelfedern, die man findet; sie können eine Länge von 25 cm erreichen, die der Weibchen sind noch etwas größer als die der Männchen. Sie zeichnen sich auf dunkelbraunem Grund durch ein grobes weißliches Sägezahnmuster am Saum der Innenfahne aus, das auf der Außenfahne nur bei den inneren Handschwingen angedeutet ist. Das Muster besteht bei der innersten Handschwinge aus etwa sieben bis acht, bei der 7. aus etwa einem Dutzend „Zähnen". Auf den äußeren drei Handschwingen ist es sehr variabel bis hin zur Auflösung. Bei den Armschwingen sind die hellen Flecken auf den Außenfahnen stärker ausgebildet, ihre

Zahl ist geringer. Die Schirmfedern sind stark verlängert, die Zahl der hellen Flecken an den Fahnenrändern vergrößert sich entsprechend, aber der Kontrast wird geringer, weil die Flecken besonders auf der Außenfahne dunkler werden. Hier und bei den Steuerfedern kann man bei älteren Federn besonders gut sehen, dass die hellen Zonen sich stärker abnutzen als die pigmentierten. Die dunklen Bänder bleiben also länger erhalten, stehen nach außen vor und bilden treppenartige Säume.

Während bei den Schwingen und vielen Deckfedern der Körperoberseite der Eindruck entsteht, sie seien dunkel mit hellen Bändermustern, kann man die Schwanzfedern besser als hell mit dunklen Querbändern beschreiben. Sie sind beim Altvogel mit etwa zehn dunklen Bändern recht gleichmäßig gemustert. Die mittleren Steuerfedern wirken durch zusätzliches Pigment zwischen den Bändern dunkel. Bei den Jungvögeln sind die Federn etwa 1 cm kleiner, außerdem schmaler, die etwa elf dunklen Bänder sind breiter und näher beisammen, sodass die Federn insgesamt dunkler wirken als bei Altvögeln.

Vorkommen und Mauser: Der größte Watvogel Europas ist als Brutvogel Mitteleuropas in vielen Regionen gefährdet. Er gehört zu der allgemein im Rückgang befindlichen Gruppe der Wiesenvögel. Bei Ende der Brutzeit ziehen die Vögel an die Küste, auch um dort zu mausern. Deswegen findet man ihre gut erkennbaren Mauserfedern bis in den Herbst hinein in den Spülsäumen, aber nicht mehr im Binnenland.

Ähnliche Arten: Quer gebänderte, aber kleinere Steuerfedern haben auch Goldregenpfeifer, Rotschenkel und andere. Der ähnliche Regenbrachvogel ist bei uns mehr an die Küsten gebunden. Insbesondere die langen schmalen Handschwingen der Brachvögel mit ihrem Keilfleckenmuster erinnern an solche von Großfalken, wie zum Beispiel Würg- oder Gerfalke.

Tafel Seite 164

Uferschnepfe *Limosa limosa*

Federmerkmale: Die Uferschnepfe wartet in ihrem Gefieder mit kontrastreichen Signalen auf: ein weißer Bürzel mit schwarzer Schwanzbinde und ein breiter weißer Flügelstreif. Bei den inneren fünf bis sechs Handschwingen teilt sich die Fahne in eine äußere schwarze und eine innere weiße Hälfte. Auf der Innenfahne zieht sich das Schwarz am Schaft ein wenig weiter herab als auf der Außenfahne. Bei den langen äußeren Handschwingen verläuft das helle Feld auf der Innenfahne teils mit unscharfem Rand, die Außenfahne ist dunkel. Der Schaft ist bei allen Schwingen weiß. Bei den Armschwingen ist etwa das Spitzendrittel schwarz, der Rest weiß. Die inneren Armschwingen haben einen hellen Spitzensaum, teils ist die ganze Außenfahne weiß. Gänzlich weiße Armschwingen gibt es nicht. Die Schirmfedern sind wieder dunkel, sie tragen in ihrem Spitzenteil eine hellbräunliche Musterung. Die Schwanzfedern sind in der Mitte bis über die Hälfte schwarz. Nach außen hin zieht sich das Schwarz auf den Federn zurück, sodass bei der 6. Schwanzfeder nur noch ein Drittel an der Spitze schwarz ist. Alle Steuerfedern haben eine aufgehellte Spitze ähnlich wie beim Kiebitz, sind aber deutlich kleiner.

Im Abflug zeigt sie Flügel und Schwanz.

Vorkommen und Mauser: Die Uferschnepfe gehört in Mitteleuropa zu den hochgradig bestandsgefährdeten Brutvögeln des Feuchtgrünlands: ein Wiesenvogel, der trotz vieler Artenschutzbemühungen wegen der intensiv betriebenen Landwirtschaft im Aussterben begriffen ist. Die Vögel mausern ihr Großgefieder bereits um Mitte Juli nach Abschluss der Brut. Vögel, die im Hochsommer an der Küste rasten, z. B. im Deichvorland, hinterlassen dort Mauserfedern, ziehen aber bald ab ins afrikanische Winterquartier.

Ähnliche Arten: Wegen der Übereinstimmung in Merkmalen beim Großgefieder besteht Verwechslungsgefahr mit dem Austernfischer – allerdings sind die Federn der Uferschnepfe kleiner und viel seltener zu finden. Trotz ihrer langen Beine und ihres langen Schnabels wiegt die Uferschnepfe nur knapp 300 Gramm, der Austernfischer aber das Doppelte.

Tafel Seite 165

Zwergschnepfe *Limnocryptes minimus*

Rückengefieder tarnt rastenden Vogel.

Federmerkmale: Die Schwingen sind dunkelgraubraun gefärbt, auffallend flach und sehr klein. Bei der äußersten Handschwinge fehlt ferner der helle Saum an der Außenfahne oder ist nur angedeutet. Die inneren Handschwingen weisen dagegen einen hellen Saum an ihrer Spitze auf. Bei den Armschwingen wird er zu einem verschwommenen hellen Spitzenfeld. Die mittleren Armschwingen sind deutlich zugespitzt und leicht lockenartig gekrümmt. Die verlängerten Schirmfedern sind auf der Innenfahne schmucklos, die Außenfahne ist aber unregelmäßig braun auf dunklem Grund gemustert und trägt häufig einen breiten, kontrastierenden hellbeigen Saum. Die unauffälligen, sehr kleinen, schmalen und zugespitzten Steuerfedern sind düster mit schwachem mattbraunem Muster auf der Außenfahne. Bezeichnend sind in einer Rupfung oder am Rastplatz im Frühjahr auch die Rückendecken, die mehr oder weniger metallisch grün bis violett glänzen können und auf der Außenfahne einen bis zu 4 mm breiten, lebhaft strohgelben Saum tragen. Dieser tarnt den ruhenden Vogel im trockenen Gras.

Vorkommen und Mauser: Die Zwergschnepfe ist bei uns Durchzügler und Wintergast aus dem Norden. Sie rastet und überwintert in Flachmooren sowie in feuchten und nassen Wiesen, oft an Wiesengräben mit Deckung bietender Bodenvegetation. Die Vollmauser nach der Brut findet zum größten Teil noch im Brutgebiet statt. Auf dem Heimzug im Frühjahr wird eine Teilmauser abgeschlossen, die im Winter begonnen hat.

Ähnliche Arten: Die Zwergschnepfe ist lerchengroß, die Bekassine knapp drosselgroß. Entsprechend der geringen Größe der Art sind die Federn kürzer und schmaler als bei der Bekassine. Bezeichnend ist der matte grünliche Glanz. Von den meisten gleich großen Watvögeln ist die Zwergschnepfe durch das Fehlen der dort meist üblichen hellen Schäfte in den Handschwingen zu unterscheiden. Die einfarbig dunklen Handschwingen können allenfalls mit denen des Bruch- oder Waldwasserläufers verwechselt werden, die aber größer sind.

Tafel Seite 166

Bekassine *Gallinago gallinago*

Federmerkmale: Die Hand- wie die Armschwingen sind ungewöhnlich flach. Die äußerste Handschwinge (H10) trägt einen hellen Außensaum an der Außenfahne. Die inneren sechs haben einen matten hellen Endsaum von etwa 1 mm Breite, sind aber sonst eintönig dunkelgraubraun. Die Armschwingen sind ebenso flach wie die Handschwingen, aber stark nach innen gebogen. Bei ihnen ist der weißliche Endsaum bis zu 4 mm breit. Bei den verlängerten Schirmfedern ist vor allem die Spitzenhälfte der Außenfahne durch ein hellbraunes, gekritzeltes Bändermuster gezeichnet. Die Zahl der auffallend kontrastreichen, bunten Steuerfedern beträgt beiderseits sieben. Die inneren Steuerfedern tragen auf dunklem Untergrund eine grobe rostorangebraune Fleckung, die nach außen hin zu einer ungleichmäßigen Querbänderung wird. Die äußerste Steuerfeder ersetzt den Braunton durch mattes Weiß. Diese Feder ist als Schallfeder weitgehend verantwortlich für den meckernden Schall beim Revierflug. Bezeichnend sind die sehr langen und spitzwinklig am Kiel angesetzten Federäste in der Innenfahne, die verstärkte Spule sowie eine Verengung der Innenfahnenspitze. Bei Jungvögeln sind die Steuerfedern allgemein kürzer und meist schmaler.

„Himmelsziege", am Boden getarnt.

Vorkommen und Mauser: Die Bekassine ist bei uns ein ehemals häufiger, aber durch Lebensraumverlust gefährdeter Brutvogel, Durchzügler und vereinzelter Wintergast, vor allem im küstennahen Tiefland. Als Brutlebensraum werden feuchte bis nasse Flächen mit recht dichter Bodenvegetation aufgesucht. Die Vollmauser nach der Brut findet in der Zeit von Juli bis in den Spätherbst hinein statt, wobei die innersten Handschwingen bereits am Brutplatz ausfallen.

Ähnliche Arten: Bei der Doppelschnepfe, einem seltenen Gast und Durchzügler aus dem Norden, haben die Armschwingen keinen ausgeprägten weißen Spitzensaum. Im Alterskleid sind die äußeren Steuerfedern fast weiß, mit wenig Musterung auf der Basis der Außenfahnen. Das gilt allerdings nicht für die Jungvögel.

Tafel Seite 167

Flussuferläufer *Actitis hypoleucos*

Schwanzwippen mit dem ganzen Hinterkörper.

Federmerkmale: Der Flussuferläufer zeigt im geöffneten Flügel einen deutlichen weißen Flügelstreif, der vom inneren Armflügel aus bis in die Mitte der Handschwingen zieht. Bei den Handschwingen äußert sich das in einem annähernd dreieckigen weißen Fleck in der Mitte der Innenfahne, von dem im geschlossenen Flügel nichts zu sehen ist. Er verlängert sich zunächst von Feder zu Feder mit zunehmender Länge der Handschwingen, verklingt bei den Handschwingen 8 und 9 und fehlt bei der 10. Bei den Armschwingen ist das weiße Feld noch größer und greift in kürzerer Form auf die Außenfahne über. Die Armschwingen 8 und 9 sind dann fast ganz weiß mit einem Pigmentrest in der basalen Außenfahne. Die 10. Armschwinge hat wieder mehr Pigment und ein prominentes weißes Endband. Die folgenden sechs Armschwingen sind die Schirmfedern und als solche fahlbraun mit Andeutungen dunkler Markierungen und teils schwachen hellen Randsäumen. Die 12. und 13. Armschwinge sind die längsten und zugespitzt; sie decken den geschlossenen Flügel ab.

Bei den Steuerfedern ist die mittlere ebenfalls ganz fahlbraun oder mit einer Markierung von schmalen hellen Fleckchen am Saum beider Fahnen versehen, beschränkt auf das Spitzendrittel der Feder. Man kann das als Andeutung einer Querbänderung auffassen. Ab der 3. Steuerfeder bilden sich ein deutlicher weißer Spitzenfleck und eine zunehmende braun-weiße Querbänderung, während sich das fahlbraune Pigment zurückzieht. Die äußerste Steuerfeder hat eine fast durchgehend weiße Außenfahne und fünf unregelmäßige dunkle Querbänder oder -flecken auf der Innenfahne. Die drei äußeren Steuerfedern verkürzen sich Schritt für Schritt, sodass die äußerste 1 cm kürzer als die mittlere ist.

Vorkommen und Mauser: Der Flussuferläufer ist in Mitteleuropa ein häufiger Durchzügler, jedoch ein spärlicher Brutvogel, vorzugsweise an steinigen Bächen und Flüssen, auch an Seen und an Gewässern in Wäldern. Er überwintert in Südeuropa und Afrika. Eine jugendliche Vollmauser findet im Winterquartier statt, ebenso die Vollmauser der Altvögel, die allerdings teilweise schon während des Durchzugs beginnt. Ihre Teilmauser im Frühjahr erstreckt sich bis in den Mai hinein und kann auch einen Teil der Steuerfedern erfassen.

Ähnliche Arten: Keine.

Tafel Seite 168

Rotschenkel *Tringa totanus*

Im Prachtkleid auf einer Warte.

Federmerkmale: Am Hinterrand des geöffneten Flügels wird ein breites weißes Band sichtbar, das von den inneren Handschwingen bis zu den Schirmfedern reicht, diese aber nicht mit einschließt. Entsprechend sind die Armschwingen in ihrem Spitzenteil reinweiß, nur die Fahnenbasis ist dunkel und diese dunkle Färbung zieht schmaler werdend ein Stück den Schaft entlang. Die weiße Färbung reicht in weniger reiner Form noch in die Spitzen der inneren Handschwingen hinein, außerdem erreicht sie als breite, etwas verschwommene Innenfahnenaufhellung auch die Flügelspitze. Der Schaft der Handschwingen ist dunkelbraun, nur bei der 10., der äußersten Handschwinge, leuchtet er weiß. Die Schirmfedern haben ihr eigenes Muster. Im Schlichtkleid im Winter sind sie meist einheitlich dunkel. Im Jugendkleid und ebenso im Prachtkleid im Frühjahr und

Sommer dagegen tragen sie auf ihren Außensäumen jeweils ein Sägezahnmuster, dessen Zwischenräume beim Altvogel etwas bräunlich schattiert sind. Sie werden zweimal im Jahr erneuert.

Die Schwanzfedern und ebenso auch die Oberschwanzdecken tragen eine sehr enge und feine dunkle Querbänderung auf weißem Grund, meist 12 bis 14 dunkle Bänder auf einer Fahnenlänge von etwa 6 cm. Die mittleren Schwanzfedern sind in ihrem Spitzenteil etwas bräunlich getönt und oft stärker marmoriert. Bei den Jungvögeln sind die Schwanzfedern schlanker und mehr zugespitzt als bei den Alten.

Vorkommen und Mauser: Der Rotschenkel ist ein häufiger, mittelgroßer und langbeiniger Brutvogel in den Salz- und Feuchtwiesen der Küstenregionen, wird aber in binnenländischen Feuchtgebieten ebenfalls angetroffen. Er tritt zu den Zugzeiten oft truppweise auf. Die Mauser des Flügels findet vom Sommer bis in den Herbst hinein statt.

Ähnliche Arten: Die quer gebänderten Steuerfedern sind recht bezeichnend, die Federn wie die Bänderung sind schmaler und zarter als die anderer Arten mit gebänderten Steuerfedern. Die Steuerfedern des Bruchwasserläufers sind allerdings noch kleiner und die äußeren tragen eine schwächere Bänderung.

Tafel Seite 169

Grünschenkel *Tringa nebularia*

Federmerkmale: Die Federn des Großgefieders wirken insgesamt recht dunkel. Sie sind größer als die des Rotschenkels. Die Handschwingen sind schwarzbraun, die Fahnen ebenso wie die Schäfte. Nur bei der 10., der äußersten Handschwinge, hebt sich der Schaft weiß leuchtend von der Fahne ab. Die inneren Handschwingen sind in den Innenfahnen teils nur am Saum aufgehellt, das heißt fein gefleckt bis marmoriert. Die Armschwingen sind in der Färbung den inneren Handschwingen ähnlich. Zur Schulter hin weist der helle Innensaum

Aufmerksam angespannter Jungvogel.

mehr und mehr eine schwache Bänderung auf. Bezeichnend sind für beide matt weißliche, nur etwa 1 mm breite Spitzensäume. Die Schirmfedern sind in ihrem Zentrum dunkel, weisen aber randlich auf Innen- und Außenfahnen dunkle Fleckenserien auf hellem Untergrund auf. Dies gilt für das Schlichtkleid; im Brutkleid ist dieses Muster grob und kontrastreich. Die Steuerfedern sind im Prinzip auf weißem Grund quer gebändert, die mittleren können zusätzlich dunkel schattiert sein, die äußeren sind überwiegend weiß, mit nur wenig verbleibender Bänderung auf der Außenhälfte der Außenfahne. Bei der mittleren Steuerfeder kann man ungefähr 12 bis 14 dunkle Bänder zählen, die sich – besonders im Brutkleid – zur Spitze hin in dunkler Schattierung bzw. Marmorierung auflösen können. Jugendfedern sind schmaler und gleichmäßiger quer gebändert und haben in der Spitze meist mehr Ocker als die der Altvögel.

Vorkommen und Mauser: Der Grünschenkel brütet in der nördlichen Waldzone und der südlichen Tundra von Skandinavien bis in den Fernen Osten. Während des Wegzugs ab Ende Juni rasten größere und kleinere Gruppen bei uns an den Küsten. Hier mausern die Altvögel auch das Großgefieder, schließen aber diesen Prozess teilweise erst im Überwinterungsgebiet ab. Man trifft die Vögel nicht selten als Durchzügler an flachen Gewässerufern im Binnenland.

Ähnliche Arten: Die Steuerfedern sind durch ihre Querbänderung ähnlich wie beim Rotschenkel, bei diesem jedoch entschieden kürzer. Die allerdings deutlich größere Pfuhlschnepfe besitzt ebenfalls recht einfarbige, dunkle Schwingen mit hellen Säumen und einen auf weißem Grund quer gebänderten Schwanz.

Tafel Seite 170

Waldwasserläufer *Tringa ochropus*

Federmerkmale: Handschwingen, Handdecken und Armschwingen sind durchweg schwarz ohne die geringste Andeutung eines Flügelbandes. Selbst bei der 10. Handschwinge ist der Schaft nicht aufgehellt wie sonst oft bei Limikolen. Die Schirmfedern 12 bis 15, die am Ellenbogen sitzen, haben eine mehr dunkelbraune Farbgebung, sie tragen am Rand der Außenfahne, besonders gegen die Spitze zu, eine schmale Reihe von mattbeigen Fleckchen. Solche hellen Flecken sind im gesamten Oberseitengefieder des Vogels verstreut und finden sich

Rastet an kleinen Binnengewässern.

ebenfalls in den Großen Oberen Armdecken. Der Schwanz besteht beidseitig aus sechs Federn mit einer Länge von jeweils etwa 6 cm. Bezeichnend ist die sehr grobe Querbänderung mit schwarzbraunen, etwa 5 mm breiten Bändern, die auf der Außenfahne der Steuerfeder 1 am stärksten ausgebildet ist. Sie nimmt im Schwanz nach außen hin schrittweise ab, von fünf bis auf zwei Bänder oder sogar bis auf eines an der Steuerfeder 6. Auf der Innenfahne ist die Bänderung durchgehend schwächer als auf der Außenfahne, bei der Steuerfeder 6 kann sie ganz fehlen. Die äußeren Steuerfedern sind schwach einwärtsgebogen.

Vorkommen und Mauser: Der Waldwasserläufer ist bei uns der einzige Watvogel, der in feuchten Wäldern und in Mooren brütet, und zwar meist in alten Drosselnestern. Die Art erreicht als Brutvogel von der Taiga Eurasiens her nur den Nordosten Mitteleuropas, ist aber außerhalb der Brutzeit in ganz Mitteleuropa an der Küste wie im Binnenland anzutreffen. Die Vögel sind wenig gesellig, man trifft meist Einzelgänger. Sie rasten selbst im Winter an kleinsten Gewässern wie Tümpeln und Gräben. Weil der Vogel nicht häufig und gegenüber Feinden sehr reaktionsschnell ist, wird man Federn und Rupfungen nur selten finden.

Ähnliche Arten: Die grobe Querbänderung des Schwanzes im Vergleich zum Bruchwasserläufer gilt nicht nur als Feder-, sondern auch als Feldmerkmal.

Tafel Seite 171

Bruchwasserläufer *Tringa glareola*

Federmerkmale: Die zehn Handschwingen nehmen von der Flügelspitze her deutlich an Länge ab. Sie sind durchgehend dunkelbraun gefärbt, nur die inneren weisen einen hellen umlaufenden Endsaum auf. Die Schäfte sind mit Ausnahme der hellen Basis ebenso dunkelbraun, nur bei der 10. Handschwinge ist der ganze Kiel hell. Die Armschwingen sind ebenfalls durchgehend dunkel, doch heben sich die hellen Spitzensäume stärker ab. Mit der 11. beginnen die verlängerten fünf Schirmfedern, die bei dunkler Grundfärbung am Saum der Außenfahne eine mattbeige getönte Fleckenreihe tragen. Während die mittleren Steuerfedern eine deutliche Musterung von bis zu acht Querbändern aufweisen, löst sich die Bänderung bei den äußeren Steuerfedern mit der Innenfahne beginnend allmählich auf und reduziert sich bei der Steuerfeder 6 in manchen Fällen auf einen dunklen Saum der Außenfahne. Die Steuerfedern sind alle etwa 5 cm lang, doch werden sie nach außen hin schmaler und biegen sich nach innen.

Häufigster durchziehender Wasserläufer.

Vorkommen und Mauser: Der Bruchwasserläufer ist bei uns als Brutvogel so gut wie ausgestorben, tritt aber als häufiger Durchzügler sowohl an der Küste als auch im Binnenland auf. Er ist hier ökologisch vielseitig, meist truppweise im Flachwasser, auf Schlammflächen, überschwemmten Wiesen und in ähnlichen Lebensräumen anzutreffen. Die Vollmauser der Altvögel beginnt entweder bereits im Hochsommer in Mauserquartieren während des Wegzuges oder erst im Winterquartier.

Ähnliche Arten: Während der längere Schwanz beim Waldwasserläufer grob quer gebändert ist, trägt er beim Bruchwasserläufer eine größere Zahl feinerer Querbinden. Das gilt sowohl als feldornithologisches wie auch als Federmerkmal. Die ebenfalls dicht quer gebänderten Schwanzfedern von Grünschenkel, Rotschenkel und Dunklem Wasserläufer sind wesentlich größer, teils auch anders gefärbt.

Tafel Seite 172

Kampfläufer *Philomachus pugnax*

Federmerkmale: Die Handschwingen sind klassisch schlicht und tragen keine Signaleigenschaften. Die dunkelbraune Färbung in den Spitzen und Außenfahnen wirkt verstärkend und gibt der Feder Stabilität. Nur in der basalen Hälfte der Innenfahne hellt sich die Feder etwas auf. Die Schäfte sind nur bei der 10. Handschwinge weiß, sonst durchgehend hellbraun. Die Armschwingen sind ähnlich wie die Handschwingen gefärbt. Ein kaum sichtbarer mattweißer Saum begleitet die Außenfahne und wird zur Spitze hin etwas breiter, aber dies hauptsächlich auf den inneren Armschwingen. Die Großen Oberen Armdecken steuern einen mattweißen schmalen Endsaum bei. Die hellen Bereiche einiger Hand- und Armschwingen zeigen eine unregelmäßige dunkle Sprenkelung.

Balzendes Männchen im Prachtkleid.

Ins Auge fallen die langen Schirmfedern, die plötzlich ein ganz anderes Muster präsentieren. Sind sie im Schlichtkleid noch recht düster mit ein paar hellen und dunklen Markierungen im Spitzenteil, so wirken sie im Prachtkleid auch bei den Weibchen regelrecht bunt, wobei eine unregelmäßige dunkelbraun-hellbraune Bänderung und weiße Flecken beteiligt sind. Die zugehörigen oberen Flügeldecken zeigen das ebenso. So bunt dieses Bild bei den einzelnen Federn wirken kann, so gut mag das allein brütende Weibchen auf seinem Bodennest dadurch getarnt sein. Soviel ist sicher: Während die Hand- und Armschwingen nur einmal im Jahr erneuert werden, müssen die Schirmfedern zweimal gewechselt werden.

Die Schwanzfedern sind graubraun mit etwas helleren Kielen. Die zwei oder drei mittleren Schwanzfedern zeigen aber in ihrem Spitzendrittel schon eine hell-dunkle fleckige Bänderung, als seien sie die Schirmfedern des Schwanzes. Sie besitzen damit auch eine Tarnfunktion nach oben hin. Die Oberschwanzdecken sind weiß, die mittleren jedoch graubraun, sodass im Flug ein zweigeteiltes weißes Oberschwanzfeld entsteht.

Vorkommen und Mauser: Der Kampfläufer ist eine mittlerweile seltene Brutvogelart in Mitteleuropa. Als Wiesenvogel ist er durch Lebensraumverlust, wohl auch in der Folge des Klimawandels, extrem gefährdet, noch mehr als Kiebitz und Uferschnepfe, die bei uns als Brutvögel ebenfalls zurückgehen. Als rastender Durchzügler zwischen der Arktis und Afrika ist er aber noch scharenweise anzutreffen. So auffällig sich im Frühjahr die Männchen im Prachtkleid mit ihren bunten Halskrausen auf den Gemeinschaftsbalzplätzen, den Balzarenen, zur Schau stellen, so schlicht sind dieselben Männchen im Winter und die Weibchen das ganze Jahr über gefärbt. Im Flügel gibt es kein helles Band, die Schwanzfedern sind unscheinbar braun. Allerdings sind die Männchen auch im Schlichtkleid deutlich größer als die Weibchen.

Ähnliche Arten: Keine.

Tafel Seite 173

Familie Laridae – Möwen

Möwen sind weitgehend grau-weiße Vögel, die an erster Stelle die Küsten und das Meer bewohnen. Doch einige von ihnen kommen auch an Gewässern im Binnenland vor – entweder als Brutvögel oder als Durchzügler und Gäste. Auffallend ist bei ihnen, wie sie mit ihren Kleidern umgehen. Sie sind keineswegs im zweiten Lebensjahr schon ausgefärbt wie die Altvögel, sondern tragen noch Kennzeichen ihrer Jugendlichkeit. Junge Möwen erkennt man an braunen Decken im Flügel und an einem dunklen Endband im Schwanz (s. Abb. S. 97). Bei den Großmöwen wie der Silbermöwe dauert es bis zum vierten Jahr, bis sie das Alterskleid anlegen, bei den kleineren Arten geht es schneller. Genauso wie man die Alterskleider voneinander unterscheiden kann, ist dies auch bei den Jugendkleidern möglich – vor allem anhand der Größe.

Zwergmöwe *Hydrocoloeus minutus*

Federmerkmale: Die kleinste Möwe zeichnet sich durch Federn aus, die im Vergleich zu denen anderer Möwen geradezu zierlich wirken. Das Alterskleid ist jedoch bei dieser Art so deutlich verschieden vom Jugendkleid, dass man meint, es könne sich um zwei verschiedene Arten handeln. Deswegen müssen die Kleider getrennt dargestellt werden.

Die im Alterskleid typisch grauschwarze Flügelunterseite kontrastiert mit der oft deutlich helleren Oberseite. Hand- und Armschwingen sind grau, silbrig überhaucht und ohne schwarze Abzeichen, ebenso die Schäfte. Bei den Handschwingen fällt jedoch ein von den Armschwingen her kommender weißer Endsaum auf, der bei den innersten Handschwingen etwa 5 bis 7 mm breit ist und sich dann bei den äußeren, längsten Handschwingen bis auf etwa 2 cm verbreitert. Die Federn wirken in ihrem Schnitt ziemlich breit, was mit dem gerundeten Flügel der Zwergmöwe zu tun haben mag. Die Armschwingen tragen ebenso den breiten weißen Endsaum, der bei der Lachmöwe völlig fehlt, aber bei den viel größeren Sturm- und Silbermöwen noch stärker entwickelt ist. Die Schirmfedern wie die oberen Flügeldecken sind nicht mehr so dunkel, sondern möwengrau. Die Schwanzfedern des Altvogels sind ähnlich wie bei der alten Lachmöwe, aber kürzer und recht gerade abgeschnitten. Sie sind überwiegend weiß, weisen aber an der Basis in Schaftnähe bezeichnende graue Flecken auf.

Zwergmöwe im Jugendkleid.

Im Jugendkleid (1. Winter) sind die Handschwingen zwar in der Außenfahne und in der Federspitze sehr dunkel, doch kontrastiert damit ein ausgedehntes kreideweißes Feld auf der Innenfahne, das ein paar Millimeter vor dem Schaft endet. Einige innere Handschwingen können zusätzlich schon einen breiten weißen Endsaum haben. Die Armschwingen sind weiß bis auf die dunkle Außenfahne, die aber in der Federspitze durch ein 1 bis 2 cm breites weißes Band abgelöst wird. Schirmfedern und Schulter sind dann dunkelbraun bis auf eine kräftige Aufhellung in der Basalhälfte der Innenfahne. Die Schulterfedern werden im Frühjahr des 2. Kalenderjahrs schon gegen graue ausgetauscht. Die Schwanzfedern tragen ein in der Mitte mehr als 2 cm breites schwarzbraunes Endband, das aber nach außen hin schmaler wird, sodass die äußerste Steuerfeder (6.) fast ganz weiß sein kann. Durch das dunkle Band wird der leicht eingebuchtete Schnitt des Schwanzes noch betont.

Vorkommen und Mauser: Zwergmöwen brüten vorwiegend im Nordosten, ziehen aber im Herbst entlang der Küsten in ihr westeuropäisches und mediterranes Überwinterungsgebiet. Einige brüten auch

Schwanzfedern junger Möwen zum Vergleich: v. l. n. r. Zwergmöwe, Lachmöwe, Sturmmöwe und Silbermöwe.

bei uns, andere übersommern nur, manche versuchen zu überwintern. Die Vollmauser erstreckt sich von Juni/Juli bis in den November.

Ähnliche Arten: Die Handschwingen und Schwanzfedern des Jugendkleides können mit denen der jungen Lach- und der Dreizehenmöwe verwechselt werden, sind aber kleiner und im Detail anders gemustert. Eine noch weiter gehende Ähnlichkeit besteht zu jungen Rosen- und Schwalbenmöwen, die jedoch nur als seltene Gäste meist nach Stürmen im Küstenbereich auftauchen.

Tafel Seite 174

Lachmöwe *Larus ridibundus*

Weißer Keilfleck im Handflügel.

Federmerkmale: Im Flug tritt bei Altvögeln im Handflügel ein sehr typischer weißer Keilfleck zutage. Ihm entspricht an den vier äußeren Handschwingen ein ausgedehntes weißes Feld, das an der Federbasis beginnt und an der Spitze sowie am inneren Saum der Innenfahne, teilweise auch am Außenrand der Außenfahne, schwarz begrenzt wird. Auch der Schaft ist im Bereich dieses weißen Feldes völlig pigmentlos. Bei der äußersten Handschwinge ist die Außenfahne schwarz gesäumt. Die Großen Oberen Handdecken haben sehr viel Weiß. Die inneren Handschwingen werden mehr und mehr grau und lassen nur noch wenig von der schwarzen Flügelspitze erkennen. Die gebogenen Armschwingen, zwanzig an der Zahl, sind ganz hellgrau mit einem schmalen hellen Spitzensaum. Beim Jungvogel ist der Spitzenteil der Armschwingen variabel dunkel und weist einen mehrere Millimeter breiten hellen Endsaum auf.

Die zwölf Steuerfedern sind bei Altvögeln ganz weiß und wirken in der Mehrzahl gestreckt rechteckig und gerade abgeschnitten. Die inneren Steuerfedern enden mehr gerundet. Sie sind etwa 12 bis 13 cm lang. Bei den Jungvögeln gibt es auch noch im zweiten Sommer eine auffällige schwarzbraune, bis zu 25 mm breite Endbinde, die nach außen hin schmaler wird, sodass die äußerste Steuerfeder schon ganz weiß sein kann. Die Schwanzfedern weisen im frischen Zustand häufig einen braungelben Spitzensaum auf.

Vorkommen und Mauser: Die Lachmöwe ist die häufigste Kleinmöwe, sowohl an der Küste als auch im Binnenland. Sie brütet kolonieweise in binnenländischen Feuchtgebieten ebenso wie in Salzwiesen und Dünen an der Küste, überwintert aber sowohl an der Küste als auch an Flüssen und Seen, besonders dort, wo sie gefüttert wird. Die Lachmöwe gilt als Zweijahresmöwe, die im zweiten Lebensjahr ihr Alterskleid erreicht – das ist dann das dritte Kalenderjahr. Die Mauser der Handschwingen kann sich über drei Monate hinziehen und bis in den November dauern.

Ähnliche Arten: Gegenüber den Großmöwenfedern sind die Federn der Lachmöwe kleiner. Verwechslungsmöglichkeit besteht besonders mit den Federn des Armflügels von Dreizehen- und anderen mittelgroßen Möwen sowie bei den Jugendkleidern. Die Steuerfedern der Altvögel ähneln stark denen der Dreizehenmöwe, die der Jungvögel mit ihrer dunklen Endbinde ebenfalls der Dreizehenmöwe, aber auch denen von Kiebitz und Austernfischer.

Tafel Seite 175

Sturmmöwe *Larus canus*

Federmerkmale: Die Altvögel sind kleine Abbilder der Silbermöwe. Das zeigt sich in vielen Einzelheiten. Die äußerste Handschwinge ist fast ganz schwarz, nur die Spule ist hell und die Innenfahnenbasis grau. Das Spitzenfünftel der Feder trägt jedoch ein auffallendes weißes Feld, an das sich an der Spitze der Innenfahne noch ein kleiner schwarzer Fleck anschließt. Die benachbarte 9. Handschwinge, die längste im Flügel, ist ganz ähnlich gemustert. Bei den Handschwingen 8 bis 1 wird der Schwarzanteil immer kleiner, das basale Grau dehnt sich aus und der weiße Spitzenfleck wird größer. Der Schaft ist in den schwarzen Feldern ebenfalls schwarz, im Grau wird er braun und bei den inneren Handschwingen hellbraun. Die Handschwingen 1 bis 4 und die Armschwingen sind grau mit einem ausgeprägten, endständigen weißen Saum, der den breiten weißen Flügelhinterrand der Sturmmöwe im Alterskleid bildet. Besonders in den Armschwingen sind die Endsäume relativ breiter als bei der Silbermöwe.

Breiter weißer Flügelhinterrand.

Bei jungen Sturmmöwen sind die äußeren Handschwingen ganz schwarzbraun. Die inneren Handschwingen sind aufgehellt und tragen mitunter im Spitzenbereich in der Größe variable Flecken. Bei den Armschwingen ist die Außenfahne größtenteils braun, diese Färbung zieht sich zur Spitze hin auf die Innenfahne hinüber und wird auf Außen- und Innenfahne durch einen mehrere Millimeter breiten hellen Endsaum begrenzt. Die Schirmfedern sind in der Spitzenhälfte ganz dunkel. Das Auffälligste an den Federn der jungen Sturmmöwen ist die einheitlich dunkelbraune Färbung der Schwanzfedern, die ungefähr die Hälfte der Federlänge einnimmt und sich bei den äußeren Steuerfedern etwas abschwächt. Daran schließt sich an der Spitze der frischen Feder mitunter noch ein hellbräunlicher Saum von 2 bis 3 mm Breite an. Die Sprenkelung an der Basis hat weniger Weißanteil als bei jungen Großmöwen. Die Steuerfedern sind deutlich länger und breiter als die der jungen Lachmöwe und etwas kleiner als die der Großmöwen. Die Sturmmöwe ist eine Dreijahresmöwe. Im 2. Winter ist der Schwanz in der Regel bereits reinweiß.

Vorkommen und Mauser: Die Sturmmöwe ist Brut- und Jahresvogel sowohl an den Küsten als auch im Binnenland. Die Vollmauser kann schon im Mai beginnen und sich bis in den Spätherbst hinein erstrecken.

Ähnliche Arten: Die entsprechenden Federn sind generell kleiner als die der Silbermöwe. Die jugendlichen Steuerfedern haben ein klar abgesetztes dunkles Endband, bei der Silbermöwe eine fleckige Verdichtung des Pigments am Ende (s. Abb. S. 97).

Tafel Seite 176

Silbermöwe *Larus argentatus*

Federmerkmale: Die äußeren Handschwingen sind sehr lang und überschreiten ohne Weiteres 30 cm. Sie sind im Alterskleid zum größten Teil auf der Außen- und Innenfahne hellgrau, wovon sich der Schaft dunkelbraun abhebt. Die Basis ist schwach weißlich aufgehellt. Bei den äußeren fünf bis sechs Handschwingen wird das Grau gegen die Spitze hin durch Schwarz ersetzt, dann folgt in der Spitze ein in der Größe variabler weißer Fleck, auf den noch ein schwarzer aufgesetzt sein

Zwei Vögel im fertigen Alterskleid.

So variieren die Schwanzfedern einer jungen Silbermöwe. Die dunkle Endbinde wird von innen nach außen (von links nach rechts) schmaler.

kann, sodass der weiße Fleck wie ein Fenster („Auge") im Schwarz erscheint. Er wird auch Subapikalfleck genannt. Die verbleibenden vier bis fünf inneren Handschwingen sind lediglich grau und tragen eine breite weiße Endbinde. Dasselbe gilt für die Armschwingen. Die Zahl der Armschwingen liegt insgesamt um die zwanzig – also doppelt so hoch wie bei den Handschwingen.

Das Jugendkleid im ersten Lebensjahr hat sehr dunkle Handschwingen und eine mittel- bis schwarzbraune, zur Federbasis hin fleckig aufgelöste Endbinde in den Schwanzfedern. In den folgenden Kleidern nimmt die Schwanzbinde in ihrer Ausprägung ab. Im 2. Winter, wenn der Rücken des Vogels grau ist, sind die Oberschwanzdecken bereits weiß und die Schwanzbinde des fliegenden Vogels ist sehr gut kontrastiert. Im 3. Winter sind nur noch Reste davon erhalten. Im 4. Ruhe- und Brutkleid findet man trotz erheblicher Variabilität immer noch Reste von Braunfärbung auf den inneren Handschwingen, auf den Daumenfedern, den äußeren Handdecken sowie einzelnen Armschwingen und inneren Steuerfedern.

Vorkommen und Mauser: Die Silbermöwe ist das ganze Jahr über die häufigste Großmöwe unserer Küsten. Aus dem Binnenland haben sich die Vögel nach Aufgabe der offenen Mülldeponien weitgehend zurückgezogen und sind nur noch regional anzutreffen. Federn der

Silbermöwe sind dementsprechend nur noch an solchen Stellen zu finden. Sie zeichnen sich durch ein feines helles Grau aus, was zu dem Namen Silbermöwe (lat. *argentatus*) führt. Dies gilt allerdings nur für das Alterskleid. Bei den Jugendkleidern dominieren dunkelbraune und schwarze Töne. Wegen der Größe der Vögel dauert die Vollmauser sehr lange. Sie beginnt schon während der Brutperiode im Mai und kann sich bis in den Winter hinein erstrecken.

Ähnliche Arten: Die ähnlichen Federn der Sturmmöwe lassen sich anhand der geringeren Größe unterscheiden. Bei Federn junger Vögel in den verschiedenen Alterskleidern besteht eine hohe Verwechslungsgefahr mit denen der Herings- und der Mantelmöwe. Merkmale der ähnlichen Mittelmeer- (*Larus michahellis*) und der Steppenmöwe (*Larus cachinnans*) sollten im Bestimmungsbuch nachgelesen werden.

Tafel Seite 177

Familie Sternidae – Seeschwalben

Zwergseeschwalbe *Sternula albifrons*

Eleganz auch im Schlichtkleid.

Federmerkmale: Wie bei allen silbergrauen Seeschwalben wird der bezeichnende Silberschimmer der Federn bei fortschreitender Abnutzung abgerieben, sodass die Federn mit der Zeit dunkler werden. Sie wirken bei höchster Eleganz zierlich. Die längsten Handschwingen sind etwa so groß wie die des Knutts, eines großen Strandläufers, aber immer noch am Silberschimmer zu erkennen. Beim Altvogel überwiegt das helle Seeschwalbengrau (helles, bläuliches Aschgrau) neben dem Weiß. Die auf der Tafel sichtbaren braunen Säume und Spitzenflecken des Jungvogels fehlen. Alle Federn entsprechen in ihrer Form sonst denen des Jugendkleides und lassen sich von denen anderer Seeschwalben durch ihre geringe Größe unterscheiden. Die inneren Armschwingen und Schulterfedern haben weiße Endsäume. Die Armschwingen sind grauweiß mit weißen Spitzen und bräunlichen Schäften. Das mittlere Steuerfederpaar ist hell bläulich grau getönt, die folgenden haben die Tönung nur auf der Außenfahne mit weißem Rand, die äußerste ist weiß.

Beim Jungvogel sind die äußeren Handschwingen farblich zweigeteilt: dunkelgrau mit Silberschimmer auf der Außenfahne und dem Spitzendrittel der Innenfahne; von hier zieht sich die Färbung noch am Schaft entlang bis fast zur Basis. Der Rest ist weiß. Die inneren Handschwingen sind wie bei allen Seeschwalben stark stufig verkürzt und haben nur eine schwache Tönung auf der Außenfahne und der äußeren Innenfahne. Diese Farbverteilung setzt sich bei den Armschwingen fort; die Schirmfedern weisen einen kräftigen, pfeilförmigen braunen Spitzenfleck auf. Die sechs Steuerfedern verlängern sich ein wenig von innen nach außen und werden heller. Besonders die Mittleren haben einen angedeuteten Spitzensaum.

Vorkommen und Mauser: Die Zwergseeschwalbe ist ein Zugvogel, der sich von Ende April bis Ende September als wenig häufiger und schutzbedürftiger Brutvogel an unseren Küsten und im küstennahen Binnenland aufhält. Die Erneuerung der Handschwingen erfolgt in mehreren Schüben, beginnend nach der Brut, über den Winter hinweg in das Frühjahr hinein, sodass im Hochsommer in einem Flügel bis zu vier Handschwingen-Generationen vorhanden sein können.

Ähnliche Arten: Die Federn lassen sich anhand des Silberschimmers als Seeschwalbenfedern identifizieren, durch die geringe Größe unterscheiden sie sich von denen anderer Seeschwalben.

Tafel Seite 178

Trauerseeschwalbe *Chlidonias niger*

Federmerkmale: Die Federn des Großgefieders sind durchweg grau bis dunkelgrau, besonders die Außenfahnen wirken frostig überhaucht. Im abgetragenen Zustand werden sie dunkler. In den Innenfahnen gibt es von der Basis her eine schwache Aufhellung, die aber weder den Schaft noch den schmalen hellen Innenfahnenrand erreicht. Der

Schaft ist durchgehend hellbraun, nur bei der langen 10. Handschwinge hebt er sich weißlich ab.

Die Armschwingen sind wieder grau bis dunkelgrau, die äußeren haben eine leicht aufgehellte Innenfahne. Die Schirmfedern ganz innen sind nicht verlängert, sondern nehmen allmählich an Länge ab. Die Steuerfedern sind einheitlich grau, die Schäfte aber hell mit Ausnahme der Spitze. Der Schwanz ist leicht gegabelt, sodass die beiderseits sechs Steuerfedern von innen nach außen etwas an Länge zunehmen, etwa von 7 auf 9 cm. Die äußerste Steuerfeder ist schmaler und etwas zugespitzt.

Früher Wechsel ins Schlichtkleid.

Vorkommen und Mauser: Die Trauerseeschwalbe ist ein Sommervogel im mitteleuropäischen Tiefland. Sie bewohnt meist flache, nahrungsreiche Gewässer mit reichlich schwimmender Vegetation, auf der die Schwimmnester gebaut werden. Die Population geht durch Störung und Lebensraumverluste zurück. Während des Zuges und im Winter halten sich die Vögel an den Küsten und auf dem Meer auf. Eine jugendliche Vollmauser und die erste Brutmauser finden im Winterquartier statt. Doch die älteren Brutvögel mausern ab Juli noch im Brutgebiet den größten Teil des Großgefieders sowie das Kleingefieder. Im Winter legen sie dann wieder das Prachtkleid an und tauschen auch die Steuerfedern und die inneren Handschwingen nochmals aus.

Ähnliche Arten: Weißbartseeschwalbe (*Chlidonias hybrida*) und Weißflügelseeschwalbe (*Chlidonias leucopterus*) sind in Mitteleuropa Durchzügler und seltene Brutvögel. Die Schwingen der Weißflügelseeschwalbe sind bedeutend kontrastreicher gefärbt als die der Trauerseeschwalbe.

Tafel Seite 179

Flussseeschwalbe *Sterna hirundo*

Schwanz schwalbenartig tief gegabelt.

Federmerkmale: Die Handschwingen nehmen ebenso wie die Steuerfedern von innen nach außen ganz erheblich an Länge zu. Die inneren vier bis fünf Handschwingen sind – da frisch vermausert – grau mit silbrigem Glanz; die Innenfahne ist an der Basis ganz weiß, dieses weiße Feld verengt sich aber zur Federspitze hin und erreicht diese als schmaler Randsaum. Bei den äußeren Handschwingen scheint in der Aufsicht die Pigmentierung kräftiger. Das dunkle Feld zieht sich von der Federspitze aus ein Stück weit am Innenrand der Innenfahne entlang und ist breiter geschwärzt als die Außenfahne. Diese Handschwingen sind nicht vermausert und daher ist der silbrige Glanz durch Abnutzung vermindert. Aus der Sicht des Beobachters wirkt der Handflügel zweifarbig: der innere Handflügel transparent, der äußere dunkel, auch von unten. Die Armschwingen haben wieder eine graue Außenfahne, deren Grau über den Schaft hin ein Stück weit in die Innenfahne überlappt. Der größte Teil der Innenfahne ist aber weiß und hat Verbindung zu einer etwa 2 mm breiten weißen Endbinde. Die Schirmfedern sind eintönig grau, teils mit weißem Endsaum; beim Jungvogel hebt sich von dem Endsaum ein brauner Keilfleck ab. Die Schäfte sind bei allen Armschwingen vom gleichen Grau wie die Fahnen.

Die beiderseits sechs Steuerfedern der Altvögel bilden einen schwalbenartig gegabelten Schwanz; sie nehmen von der Mitte nach außen hin an Länge zu und werden auch spitzer. Innenfahnen und Schäfte sind weiß, die Außenfahnen heben sich grau ab, können aber auch weiß sein. Die 6. Steuerfeder kann die 5. um mehr als 5 cm überragen.

Vorkommen und Mauser: Flussseeschwalben halten sich von April bis September in Mitteleuropa auf. In der übrigen Zeit ziehen sie sich südwärts an tropische Küsten zurück. Sie beginnen nach der Brut, aber noch im Brutgebiet mit der Mauser, unterbrechen die Erneuerung der Handschwingen zu Beginn des Zuges, um sie erst im Überwinterungsgebiet zu vollenden.

Ähnliche Arten: Die äußeren Steuerfedern sind bei der sehr ähnlichen Küstenseeschwalbe länger als bei der Flussseeschwalbe. Der Schwanz der Flussseeschwalbe hat Grau auf den meisten Außenfahnen. Die äußerste Steuerfeder ist ein Viertel vor der Spitze plötzlich verengt. Die Handschwingen sind länger als die entsprechenden der Zwergmöwe, auch kann man sie an den hellen Schäften und dem erhaltenen silbrigen Glanz unterscheiden. Der Zwergmöwenflügel ist beim Altvogel an der Unterseite einfarbig schwärzlich und kontrastiert stark mit der silbergrauen Oberseite und dem breiten weißen Endband.

Tafel Seite 180

Familie Strigidae – Eulen

Sumpfohreule *Asio flammeus*

Geht bei Licht auf Beutefang.

Federmerkmale: Eulenfedern zeichnen sich allgemein durch einen feinen pelzartigen Belag auf der Oberfläche aus, der den Flugschall dämpft. Eine Sumpfohreule hat wie andere Eulen 10 Handschwingen, 12 bis 13 Armschwingen und auf jeder Seite 6 Schwanzfedern. Die Außenfahne der 10., die verengte Zone an der Spitze der 9. Handschwinge und die längste Alulafeder sind jeweils an der Außenkante mit einer Serie wimpernartiger Zähnchen besetzt, die ebenfalls den Flugschall dämpfen (etwa 15 Zähnchen pro Zentimeter). Die Kanten der Innenfahnen sind gleichfalls „aufgeweicht" (Abb. rechts). Die Handschwingen tragen in ihrer äußeren Hälfte auf hellorange- oder sandfarbenem Grund dunkelbraune Querbinden, deren Ausprägung und Zahl zur Flügelspitze hin von vier bis fünf auf zwei bis drei abnimmt. Man kann auch sagen, die drei äußeren Bänder versinken in der Dunkelfärbung der Flügelspitze. Die Grundfärbung spielt zur Basis hin und besonders auf der Innenfahne in ein reines Weiß, während der Schaft abgesehen von seiner Basis braun ist und nur auf der Federunterseite weitgehend

Die äußerste Handschwinge der Sumpfohreule zeigt am Vorderrand eine Zähnelung, auch der Hinterrand ist „aufgeweicht". Diese Strukturen dienen dazu, den Flugschall zu unterdrücken.

hell. Die Färbung der Armschwingen ist zweigeteilt: Die Außenfahnen weisen auf braunem Grund drei bis vier beige bis hellbraune Flecken auf, die Innenfahnen tendieren zu einem seidigen Weiß und haben im Spitzendrittel zwei bis drei dünne Querbänder. Die Spitze selbst ist ganz weiß, was im gestreckten Flügel zu einem circa 1 cm breiten hellen Hinterrand führt. Die innersten Armschwingen werden etwa ab der 10. oder 11. immer dunkler.

Die Schwanzfedern sind 14 bis 16 cm lang. Auf hellbeigem bis weißem Grund reihen sich drei bis sechs, meist fünf klare braune Querbinden oder Flecken an, die am dunklen Schaft miteinander verbunden sind. Bei den äußeren Steuerfedern nimmt das Weiß zu und die Binden werden schwächer, sie fehlen oft ganz auf der Außenfahne. Nur die mittleren, im geschlossenen Schwanz obenauf liegenden Steuerfedern haben vier bis fünf komplette und breite dunkle Querbänder, dazwischen auch noch dunkle Pigmentflecken. Bei Jungvögeln endet diese Feder mit einem breiten hellen Endband, das durch einen dunklen Schaftstrich unterteilt wird.

Vorkommen und Mauser: Die in der Alten Welt bis Ostasien sowie in Nord- und Südamerika verbreitete Sumpfohreule hat unter den Eulen Europas eine Sonderstellung inne. Sie ist tag- und dämmerungsaktiv und lebt in offenem Feuchtland und auf Dünen. Sie jagt niedrig über der Vegetation fliegend und brütet am Boden. Sie kommt heute in

Mitteleuropa nur noch lokal und unregelmäßig vor, hauptsächlich als Wintergast. Die Vollmauser der Altvögel beginnt im Mai, verzögert sich aber bei Brutvögeln. Sie endet im September, bevor die Vögel gegebenenfalls wegziehen.

Ähnliche Arten: Waldohreulenfedern haben die gleiche Größe wie die der Sumpfohreule, sind aber besonders in den Armschwingen und im Schwanz feiner und dichter gebändert. Auffällig ist das Fehlen des für die Sumpfohreule charakteristischen cremeweißen Endsaums der Armschwingen. Waldohreulenfedern wirken weniger rein in ihrer Grundfarbe und damit kontrastärmer wegen ihrer besonders auf den Außenfahnen sichtbaren feinen dunklen Sprenkelung. Schleiereulen haben gleichmäßiger und schmaler gebänderte Schwingen und Steuerfedern mit grauen, fein marmorierten Spitzen, häufig mit einem kleinen Tropfenfleck.

Tafel Seite 181

Familie Remizidae – Beutelmeisen

Beutelmeise *Remiz pendulinus*

Baut hängende Beutelnester am Wasser.

Federmerkmale: Die Schwingen sind grau, tragen aber beidseitig einen hellen, ringsum laufenden Saum. Bei den Schirmfedern ist der Saum außen ausgesprochen breit, die Innenfahne setzt sich hellbeige ab. Die Steuerfedern sind sehr filigran, schlank und an den Spitzen gerundet, was durch die weißlichen Randsäume von Außen- und Innenfahne noch betont wird. Beim Großgefieder der Beutelmeise gibt es kaum Unterschiede zwischen Alt- und Jungvögeln.

Vorkommen und Mauser: Die Beutelmeise ist ein lückenhaft verbreiteter Brut- und Sommervogel, dessen Population sich seit einiger Zeit in Mitteleuropa westwärts ausbreitet. Sie bewohnt zur Brutzeit lichte Baumbestände am Wasser. Die beutelartigen Nester werden vorzugsweise in Birken- und Weidengezweig über dem Wasser hängend angelegt. Außerhalb der Brutzeit sind die Vögel häufig im Röhricht anzutreffen, dann auch in größeren Gruppen.

Ähnliche Arten: Die Federn der nicht selten im Schilfröhricht vorkommenden Bartmeise sind unverwechselbar. Die Steuerfedern des Bluthänflings tragen ebenfalls beidseitig weiße Randsäume, sind aber wesentlich kräftiger, zugespitzt und kaum im Lebensraum der Beutelmeise zu finden.

Tafel Seite 182

Familie Panuridae – Bartmeisen

Bartmeise *Panurus biarmicus*

Federmerkmale: Sowohl die Hand- als auch die Armschwingen sind überraschend bunt, genauer gesagt dreifarbig. Bei den äußeren Handschwingen 4 bis 9 ist die Außenfahne bis fast an den Schaft heran leuchtend weiß, bei den inneren wird sie hellbraun, was sich bei den Armschwingen fortsetzt. Der geschlossene Handflügel wirkt somit weiß, der Armflügel hellbraun. Auch die Alula trägt mit ihrem hellen Außensaum zu dem lebhaften Bild bei. Die graubraune Innenfahne trägt bei den Handschwingen einen hellen Innensaum. Bei den Armschwingen ist die Außenfahne bis fast an den Schaft heran lebhaft braun; dem steht ein breiter heller Saum der sonst graubraunen Innenfahne gegenüber. Dieser Saum zieht sich um das Federende herum. Nur bei den Schirmfedern 7 und 8 wird die Innenfahne graubraun-weiß bis ganz weiß, die Außenfahne teilt sich in ein schwarzes Feld und einen braunen Saum. Die Schirmfeder 9

Jungvogel mit viel Schwarz.

kann fast ganz weiß sein. Der Schwanz ist ausgesprochen lang und stark gestuft, das heißt, die äußeren Steuerfedern sind nur etwa halb so lang wie die mittleren. Die Steuerfedern 1 bis 4 sind bei Altvögeln mattorange, an ihrer Spitze nach außen zunehmend aufgehellt. Die kurze Steuerfeder 6 trägt ein unnachahmliches Gemisch aus Weiß, Schieferschwarz und Mattbraun, das sich besser in der Abbildung zeigen als beschreiben lässt. Falls man lange schwarze Unterschwanzdecken findet: Sie gehören zum Männchen. Beim Jungvogel unterscheiden sich die Schwanzfedern drastisch. Hier sind nur die mittleren Paare mattorange bis strohfarben, das zweite schon mit kräftigem schwarzem Endsaum. Die übrigen Schwanzfedern sind schwarz mit weißem seitlichem Endsaum, der zu den Schwanzseiten hin breiter wird. Die Unterschwanzdecken sind hellocker. Im Flügel des Jungvogels sind alle Säume schmaler und weniger farbintensiv, die Schirmfedern sind wie die oberen Flügeldecken und der Rücken mattschwarz.

Vorkommen und Mauser: Bartmeisen sind spezialisierte Jahresvögel in ausgedehnten Schilfbeständen im Binnenland wie in Küstennähe. Das Verbreitungsgebiet reicht von Europa bis Mittelasien und ist in viele lokale und regionale Vorkommen zerteilt. Die Population ist stets durch strenge Winter gefährdet, kann aber Verluste durch mehrere Bruten pro Jahr wieder ausgleichen. Die Vollmauser der Altvögel beginnt Mitte August und erstreckt sich bis in den Oktober hinein. Auch die Jungvögel legen von Juli bis Anfang Oktober schon eine Vollmauser ab.

Ähnliche Arten: Keine. Man beachte aber, dass die Kleider von Jung- und Altvögeln so verschieden sind, als gehörten sie zu zwei Arten.

Tafel Seite 183

Familie Cinclidae – Wasseramseln

Das Großgefieder ist, angepasst an die starke Belastung beim Schwimmen und Tauchen, für einen Singvogel außergewöhnlich steif. Die Schwingen und Steuerfedern sind verhältnismäßig kurz mit auffallend kräftigen Federkielen.

Wasseramsel *Cinclus cinclus*

An Schwimmen und Tauchen angepasst.

Federmerkmale: Flügel und Schwanz sind dunkelschiefergrau bis schwarzbraun. Der Flügel ist rund, deswegen gibt es auch keine starken Größenunterschiede unter den Handschwingen und unter den Armschwingen. Nur die Handschwinge 10 ist deutlich reduziert; sie ist kaum so lang wie die Großen Oberen Handdecken, hat aber keine so lange Spule wie diese. Alle Schwingen sind kräftig gewölbt. Bei den Schwingen wie auch den Steuerfedern hebt sich der Schaft schwarzbraun von den Fahnen ab. Nur die Spulen sind hell. Die Steuerfedern sind kurz und wirken gerundet. Die mittlere Steuerfeder erscheint geradezu längsoval. Ähnliches gilt für die inneren Armschwingen. Insgesamt ist das Gefieder sehr kompakt und die einzelnen Federn sind kräftiger als bei den meisten anderen Singvogelarten. Beim Jungvogel haben die inneren Handschwingen, die Armschwingen und die oberen Flügeldecken feine helle Spitzensäume.

Vorkommen und Mauser: Die Wasseramsel ist ein mittelgroßer Singvogel, der als Brut- und Jahresvogel extrem an das Leben an klaren, schnell fließenden Gewässern im Mittelgebirge und Gebirge angepasst ist. Sie ist bei uns der einzige Singvogel, der regelmäßig schwimmt und taucht. Die Vollmauser der Altvögel findet je nach Verlauf der Brut in der Zeit von Anfang Juni bis Anfang Oktober im Brutrevier statt. Obwohl die Schwingenmauser in mehreren Schüben vor sich geht, kann sie sich insgesamt auf zwei bis mehr als drei Monate erstrecken. Die Mauser der Schwanzfedern verläuft rasch, manchmal werden gleichzeitig alle Steuerfedern auf einmal abgeworfen und nachher erneuert.

Ähnliche Arten: Hand- und Armschwingen der kleinen Rallenarten sind strukturell wesentlich schwächer sowie anders geformt und gezeichnet. Sie sind nicht so stark gewölbt.

Tafel Seite 184

Familie Muscicapidae – Schnäpper-Verwandte

Blaukehlchen *Luscinia svecica*

Schwanz halb ziegelrot, halb schwarz.

Federmerkmale: Der leuchtend blaue Kehl- und Brustschild mit seiner Umrahmung beschränkt sich auf das Prachtkleid des Männchens. Darin hebt sich bei den mitteleuropäischen Vögeln *L.s. cyanecula* ein weißer, bei der nordisch-alpinen *svecica* ein roter „Stern“ heraus. Im Schlichtkleid gibt es weniger Blau, das beim Weibchen meist ganz fehlt. Von dieser Pracht lässt der Flügel gar nichts erkennen. Die Hand- wie die Armschwingen sind schwarzbraun, der schwarze Schaft hebt sich nur wenig von den Fahnen ab. Doch sind im Schwanz die Steuerfedern 2 bis 6 in ihrer basalen Hälfte in beiden Geschlechtern leuchtend orangefarben. Das sieht man als unverkennbares Merkmal sowohl bei der Einzelfeder als auch im gespreizten Schwanz beim Landen und Imponieren des Vogels. Diese Federn enden an ihrer Spitze mit einem verschwommenen hellen Endsaum, der auch noch die Innen- und Außenfahne begleitet. Die im geschlossenen Schwanz obenauf liegende Steuerfeder 1 ist jedoch als Schirmfeder des Schwanzes ganz braunschwarz.

Vorkommen und Mauser: Blaukehlchen bewohnen bei uns als Sommervögel ursprünglich meist dichtes Gebüsch und Ränder von Schilfbeständen auf feuchtem Untergrund. Sie haben sich aber neuerdings an sekundäre Lebensräume in der Kulturlandschaft wie Gräben und Rapsfelder angepasst und dadurch ihre Population und ihr Verbreitungsgebiet in Mitteleuropa bedeutend vergrößert. Die Vollmauser der Altvögel erfolgt nach der Brut, meist von Juli bis September und nimmt nur etwa eineinhalb Monate in Anspruch. Dabei sind die Vögel vorübergehend fast flugunfähig. Die Ruhemauser im Frühjahr ist eine Teilmauser.

Ähnliche Arten: Die rotschwarzen äußeren Steuerfedern sind arttypisch und treten in ähnlicher Form und Zeichnung nur bei asiatischen und afrikanischen Steinschmätzerarten auf. Bei Rotschwänzen und beim Steinrötel sind die entsprechenden Steuerfedern ganz rot.

Tafel Seite 185

Familie Motacillidae – Stelzen

Gebirgsstelze *Motacilla cinerea*

Wippender Schwanz mit weißen Kanten.

Federmerkmale: Das Großgefieder lässt von der Gelbfärbung der Vogelunterseite nichts erkennen. Die äußeren Handschwingen sind sogar ganz dunkel. In der 6. beginnend bildet sich aber auf der Basalhälfte der Innenfahne bei den inneren Handschwingen ein verschwommenes helles Feld. Bei den Armschwingen setzt es sich fort und gewinnt an Größe, Randschärfe und Kontrast. Es greift ab Armschwinge 3 auf die Außenfahne über und löscht bei den Armschwingen 5 bis 7 auch noch das verbliebene Pigment am Schaft. Am stärksten ist das helle Feld in der verlängerten Armschwinge 7 entwickelt. Diese überragt ihre Nachbarn ohne Weiteres um mehr als 15 mm. Sie ist so lang, dass sie als längste Schirmfeder im geschlossenen Flügel die Flügelspitze erreicht. In ihrer Form ist sie in typischer Weise lang gezogen keilförmig. Das gilt ebenso für die beiden restlichen Schirmfedern, nur sind diese viel kürzer. Die Armschwingen 1 bis 6 sind übrigens auch dadurch gekennzeichnet, dass sie an ihrer Spitze eine Einbuchtung am Schaft haben, dadurch also gerundet zweispitzig sind. Das Hell-Dunkel-Muster der Schwingen erzeugt im Flug, besonders im Gegenlicht, ein helles Flügelband, das bei der Bachstelze und der Schafstelze fehlt.

Entsprechend der Länge des Schwanzes sind die Steuerfedern außerordentlich lang und dazu noch schmal und zugespitzt. Bei einer Breite von 7 bis 8 mm erreichen die äußeren drei eine Länge von circa

10 cm. Die drei inneren, etwas kürzeren Steuerfedern sind in ihrem Spitzenteil noch schmaler und erreichen nur 6 bis 7 mm Breite. Im abgenutzten Zustand vor der Mauser im Juli sind die Spitzen abgerieben oder abgebrochen und dadurch verkürzt. Während die inneren drei Steuerfedern, die im geschlossenen Schwanz obenauf liegen, fast durchgehend schwarzoliv sind, setzen sich die äußeren drei leuchtend weiß ab. Nur die 4. und 5. Steuerfeder erhält sich noch etwas Pigment im größeren Teil der schmalen Außenfahne und im Basalteil des Schafts, die 6. ist nahezu ganz weiß.

Vorkommen und Mauser: Die Gebirgsstelze ist ein Sommer- und Jahresvogel der westlichen Paläarktis von Südskandinavien bis ins Mittelmeergebiet. In Mitteleuropa versucht sie mehr und mehr zu überwintern, doch sind die Überwinterer in Kältewintern gefährdet. Die Gebirgsstelze ist zur Brutzeit anders als die Bachstelze an das Wasser gebunden, vor allem an schnell fließende Bäche und Flüsse. Die Vollmauser der Altvögel findet in der Zeit von Juli bis Oktober statt. Die Erneuerung der Handschwingen nimmt zwei Monate in Anspruch, ist aber spätestens Ende September abgeschlossen. Im Frühjahr findet eine zusätzliche Teilmauser statt, manchmal sind dabei auch Schirmfedern und mittlere Steuerfedern eingeschlossen. Ähnliches gilt für die Teilmauser der Jungvögel im ersten Herbst. Auf diese Weise können sich die Schirmfedern und mittleren Steuerfedern dunkel von den Nachbarn absetzen. Der Kontrast wird durch den breiten hellen Saum der Außenfahnen bei den Schirmfedern noch verstärkt.

Ähnliche Arten: Die Steuerfedern sind länger und schmaler als bei der Bach- und viel länger als bei der Schafstelze.

Tafel Seite 186

Familie Emberizidae – Ammern

Rohrammer *Emberiza schoeniclus*

Federmerkmale: Die Handschwingen 1 bis 9 haben am Rand ihrer Innenfahne einen hellen Saum, ebenso die Armschwingen 1 bis 6. Diese warten ferner mit einem warmbraunen Randsaum an der Außenfahne auf, der sich nach innen hin verbreitert und sich besonders bei den drei Schirmfedern deutlich um das Federende herumzieht. Zugleich sind alle Schirmfedern im Spitzenbereich sehr dunkel kontrastiert. Die Handschwingen 4 bis 8 weisen an der Spitze der Außenfahne eine Verengung auf. Die 10. Handschwinge ist ein winziges Rudiment von etwa 7 mm Länge; man wird sie selbst in einer vollständigen Rupfung kaum je auffinden. Bei den Steuerfedern sind diejenigen diesjähriger und vorjähriger Vögel bis zur ersten Vollmauser auffallend zugespitzt und neigen verstärkt zur Abnutzung. Wie bei den meisten anderen Ammernarten fallen auch bei der Rohrammer die weißen Außenkanten des Schwanzes auf, die durch ruckartiges Schwanzspreizen des beunruhigten Vogels und beim Landen demonstriert werden. Die Steuerfeder 1 ist die kürzeste und als Schirmfeder graubraun gefärbt, mit lichtem Saum an der Außenfahne. Die Steuerfedern 2 bis 4 sind schwarz. Bei den Steuerfedern 5 und 6 ist die Grundfärbung die gleiche, doch kontrastiert damit ein bei der 5. schwacher, bei der 6. stark entwickelter weißer Keilfleck. Bei der Steuerfeder 5 beschränkt er sich auf die Innenfahne, bei der Steuerfeder 6 erfasst er größere Teile der Außenfahne und hinterlässt nur die schwarze Färbung des Schafts, die sich am Federende etwas aufweitet. Die ausgeprägten Geschlechterunterschiede in den Kleidern beziehen sich nur auf das Kleingefieder.

Schwanz graubraun, schwarz und weiß.

Vorkommen und Mauser: Rohrammern sind als früh in den Brutgebieten ankommende Sommervögel typische Bewohner von Schilfbeständen an Flüssen, Seen, Teichen und Gräben. Doch überwintern im Süden und Westen Mitteleuropas viele Brutvögel der Umgebung und Zuzügler aus dem Norden. Am Schilfrand findet man auf festem Untergrund gerade im frühen Frühjahr recht häufig Rupfungen der Vögel. Die Vollmauser nach der Brutzeit beginnt im Hochsommer und erstreckt sich bis in den Herbst hinein. Jungvögel absolvieren in ihrem ersten Sommer eine Teilmauser mit Tendenz zur Vollmauser, dies besonders bei früh mausernden Jungvögeln, bei Männchen und in südlichen Vorkommen.

Ähnliche Arten: Weiße, ähnlich gemusterte Schwanzkanten findet man bei fast allen heimischen Ammern, aber auch bei Buchfinken, Kohlmeisen, Piepern, Lerchen, Würgern, Schnäppern und den meisten Grasmückenarten. Diese Vögel kommen aber im Allgemeinen in anderen Lebensräumen vor.

Tafel Seite 187

Familie Alcedinidae – Eisvögel

Eisvogel *Alcedo atthis*

Stoßtaucher an Bach und Teich.

Federmerkmale: Die Handschwingen 3 bis 9 sind annähernd gleich lang, die 8. als die längste überragt die benachbarten Handschwingen kaum. Eine schwache Außenfahnenverengung ist allenfalls an der 9. zu erkennen. Dagegen ist die Außenfahne bei den Handschwingen 1 bis 8 im basalen Viertel, bei Handschwinge 9 im basalen Fünftel durch einen schmalen weißen Dunenbesatz ersetzt – eine unerwartete Eigenschaft für eine Handschwinge. Während die Innenfahne zu ihrem Rand hin auf dunkelgrauem Grund leicht aufgehellt ist, setzt sich die Außenfahne der Handschwingen 1 bis 9 in mattem Dunkelblau ab. Der Schaft hebt sich schwarzbraun heraus. Bei den leicht einwärtsgebogenen Armschwingen ist das helle Feld am Saum der Innenfahne deutlicher abgesetzt und oft leicht ockerfarben getönt. Die Außenfahne ist etwas farbkräftiger dunkelblau. Die Schirmfedern sind nicht verlängert und auch sonst unauffällig. Ihre Spitze ist gerundet, während die Armschwingen fein zugespitzt sind. Die Steuerfedern sind ausgesprochen kurz: Die längste variiert zwischen 40 und 45 mm Länge; nur die des Zaunkönigs sind entschieden kürzer. Die äußerste Steuerfeder ist ca. 3 mm kürzer als die längste. Nach außen zunehmend sind sie leicht nach innen gebogen. Bei schwärzlicher Grundfärbung sind sie nur an der Basis schwach aufgehellt. Gegen die Spitze hin und besonders auf den Außenfahnen tragen sie einen dunkelblauen Schimmer. Die Oberschwanzdecken und die Deckfedern des Hinterrückens warten mit einem leuchtend blauen oder grünen Glanz auf – je nach Lichteinfall und Betrachtungsrichtung. Demgegenüber sind die Unterschwanzdecken ebenso wie Brust, Bauch und Flanke orange.

Vorkommen und Mauser: Der Eisvogel ist in weiten Teilen des westlichen Mitteleuropas Jahresvogel und Winterflüchter, weiter östlich Sommervogel. Als Bewohner klarer, langsam fließender Bäche und Stillgewässer ist er stark von der Winterwitterung abhängig. In Extremwintern kommen viele Eisvögel ums Leben. Die Population benötigt dann einige Jahre zur Erholung. Die Vögel sind überdies wegen ihres geraden, schnellen Fluges durch Straßenverkehr, Anflug an Glasscheiben und viele weitere Faktoren gefährdet. Die Mauser der Altvögel ist nur teilweise eine Vollmauser. Die Mauser der Handschwingen geht von zwei Zentren aus, sie kann im Spätherbst unterbrochen werden. Auch die Erneuerung der Armschwingen und Steuerfedern weist oft Unregelmäßigkeiten auf.

Ähnliche Arten: Wegen der geringen Größe und der dunklen Blautönung sind die Federn des Großgefieders kaum zu verwechseln. Bei Eisvogelfedern sind die Farbmerkmale häufig nur bei guter Tageslichtbeleuchtung zu erkennen.

Tafel Seite 188

Zur Darstellung der Federn auf den Tafeln

Die Flügelfedern sind im Prinzip horizontal angeordnet, die Schwanzfedern im rechten Winkel dazu mit der Spitze nach unten. Bei den großen Arten mussten die Federn jedoch um 90° gedreht werden, damit sie ohne allzu starke Verkleinerung ins Format eingepasst werden konnten. Dies bedeutet, dass diese Tafeln von der Seite her betrachtet werden sollten. Auf diese Weise kann der Leser alle Tafeln in einheitlicher Anordnung betrachten und vergleichen.

Die Federn wurden freiliegend vor einem hellgrauen Hintergrund von unten gescannt. Sehr starke Wölbung, die dabei hinderlich ist, wurde vorher beseitigt.

Die Federn auf den Federtafeln sind fast alle zu groß, um in natürlicher Größe 1:1 abgebildet zu werden. In Anpassung an die unterschiedlichen Größen gibt es verschiedene Verkleinerungs-Maßstäbe.

- **Kleine Federn** im Maßstab 1:1,6. Hierzu gehören die Federn der Singvögel am Schluss sowie von Zwergtaucher, Zwergschnepfe, Bekassine, Flussuferläufer, Wald- und Bruchwasserläufer, Zwergseeschwalbe und Eisvogel.
- **Mittelgroße Federn** im Maßstab 1:2,7. Hierzu gehören die Federn von 28 mittelgroßen Arten, z. B. Krickente.
- **Große Federn** im Maßstab 1:3,7. Hierzu gehören die Federn aller großen Vögel, z. B. Großer Brachvogel, Gänse und größere Enten.
- Kranich und Weißstorch haben ihre eigenen Maßstäbe.

Abkürzungen

A	Armschwinge
Ai	Armschwinge innen
Aa	Armschwinge außen
AD	Armdecke
H	Handschwinge
Hi	Handschwinge innen
Ha	Handschwinge außen
HD	Handdecke
PK	Prachtkleid
Sch	Schirmfeder
SK	Schlichtkleid
St	Steuerfeder, Schwanzfeder
Sti	Steuerfeder innen
Stm	Steuerfeder Mitte
Sta	Steuerfeder außen
OAD	Obere Armdecke
UAD	Untere Armdecke
OSD	Oberschwanzdecke
USD	Unterschwanzdecke

Höckerschwan

Cygnus olor

Beschreibung Seite 28

Wegen der Größe und der guten Erkennbarkeit der Federn wird eine andere Auswahl gezeigt als auf den weiteren Tafeln üblich. HD Obere Handdecke, AD Schulterdecke. An den beiden Steuerfedern ist zu sehen, dass der Schwanz beim Höckerschwan keilförmig zugespitzt ist.

Saatgans

Anser fabalis

Beschreibung Seite 30

Sowohl die Schirmfeder als auch die Große Obere Armdecke (AD) tragen helle Säume. Bei den Steuerfedern zieht sich das Pigment bis in die äußerste St7.

Blässgans

Anser albifrons

Beschreibung Seite 31

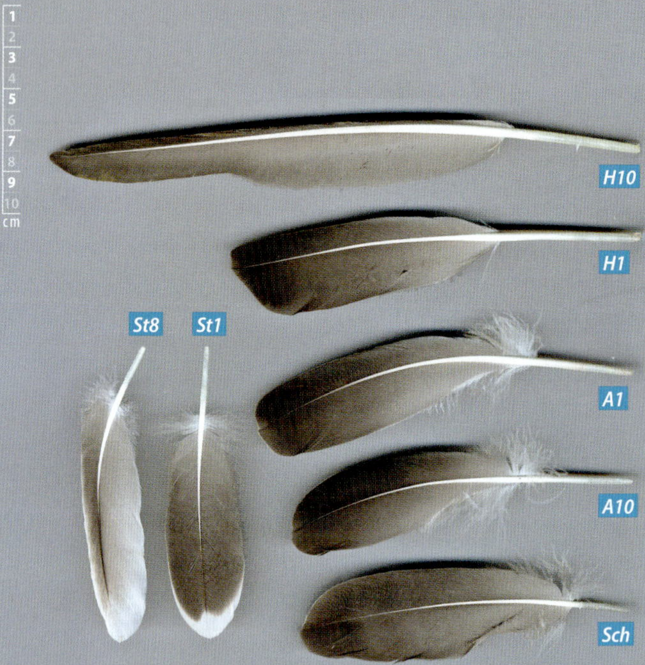

Während man die Schwingen der Blässgans allenfalls an der Größe bestimmen kann, zeichnen sich die Steuerfedern durch relativ viel dunkles Pigment aus. Abgebildet sind die Federn eines jungen Weibchens, das während der Frühjahrsrast in Karelien von einem Steinadler geschlagen wurde.

Graugans

Anser anser

Beschreibung Seite 34

Die Alula wird wegen ihrer besonderen, sichelförmigen Form abgebildet. Sie ist typisch für Gänseflügel allgemein. Die Steuerfedern sind Einzelfunde.

Nilgans

Alopochen aegyptiaca

Beschreibung Seite 35

Die dargestellten Federn sind Zufallsfunde von Mauserfedern. Bei den kleinen Federn handelt es sich um eine Große Obere Handdecke (HD) und zwei Große Obere Armdecken, eine von einem Jungvogel (AD jung), eine vom Altvogel (AD alt). Eine Steuerfeder fehlt.

Brandgans

Tadorna tadorna

Beschreibung Seite 36

Die inneren Hand- und die Armschwingen des alten Weibchens weisen nur einen schmalen weißen Endsaum auf, beim Jungvogel ist er breit. Die Steuerfedern stammen von einem alten Männchen.

Rostgans

Tadorna ferruginea

Beschreibung Seite 38

Die Innenfahne der H10 ist an der Spitze verengt, sodass diese Feder eine Schallschwinge sein könnte. Der mattgrüne Spiegel auf den Außenfahnen der Armschwingen lässt die Verwandtschaft zu den Enten deutlich werden.

Mandarinente

Aix galericulata

Beschreibung Seite 39

Während das übrige Großgefieder abgesehen vom Armflügelspiegel recht unscheinbar wirkt, hebt sich die 10. Armschwinge durch ihre im Prachtkleid des Männchens stark vergrößerte Innenfahne und ihr Färbungsmuster aus dem Flügel heraus. Nur während des Fluges wird sie angelegt.

Schnatterente

Anas strepera

Beschreibung Seite 40

Die Federn stammen von einem vorjährigen Weibchen. Die Armschwinge A9 stellt für dieses Kleid den kompletten weißen Spiegel dar.

Pfeifente

Anas penelope

Beschreibung Seite 41

Der dunkelgrüne Spiegel der mittleren Armschwingen wird zur Schulter hin durch Weiß abgelöst, bei den Schirmfedern dominiert wieder Schwarz. Die mittlere Schwanzfeder (St1) ist verlängert und zugespitzt.

Krickente

Anas crecca

Beschreibung Seite 43

Die schönsten Federn im Großgefieder der Krickente sind die inneren Armschwingen und die mehrfarbigen Schulterfedern im Prachtkleid des Männchens.

Stockente

Anas platyrhynchos

Beschreibung Seite 44

Während die Schwingen und die Obere Armdecke (AD4) von der linken Seite stammen, sind die Steuerfedern rechtsseitig. Die Federn stammen von einem Männchen. Die beiden innersten Steuerfederpaare (St1 / St2) sind Zierfedern, deren Enden lockenartig gerollt sind.

Spießente

Anas acuta

Beschreibung Seite 45

Die Federn stammen größtenteils von einer Rupfung eines Männchens aus dem Fernen Osten Russlands. Nur die Steuerfeder aus dem mittleren Bereich (Stm) stammt aus einer anderen Quelle.

Knäkente

Anas querquedula

Beschreibung Seite 47

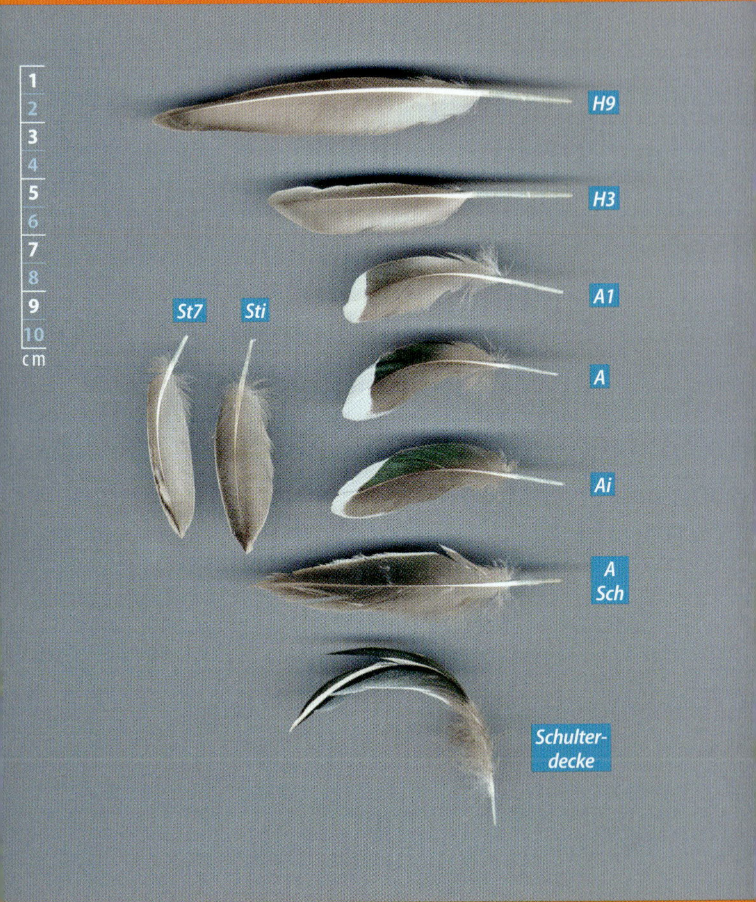

Federn von zwei verschiedenen Männchen. Kennzeichnend ist im Armflügel das breite weiße Endband sowie Form und Zeichnung der Schulterfedern.

Löffelente

Anas clypeata

Beschreibung Seite 48

Die Großen Oberen Armdecken (OAD) haben eine breite weiße Endbinde. Wie bei den anderen Schwimmenten sind die Schulterfedern im Prachtkleid besonders prachtvoll und bezeichnend.

Tafelente

Aythya ferina

Beschreibung Seite 49

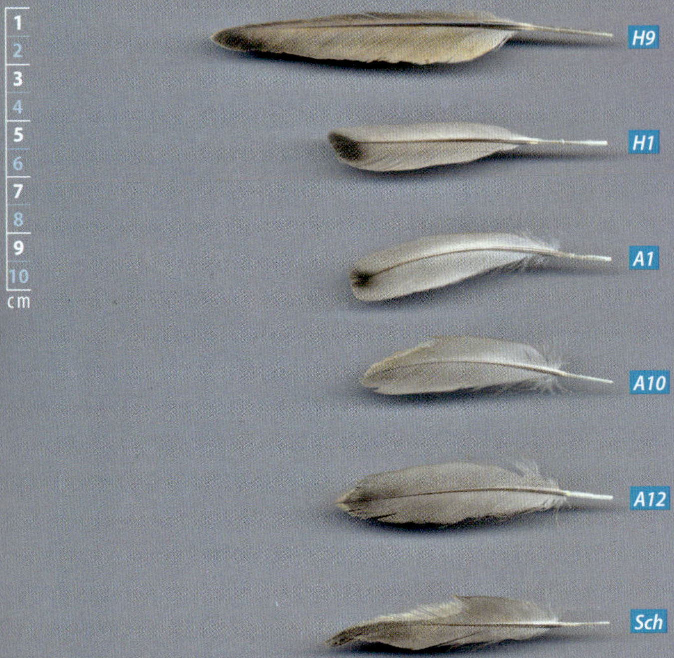

Die Federn stammen von einem schlichten weibchenfarbigen Vogel. Der Tafelente fehlt sowohl ein Spiegel als auch ein Flügelstreif. Steuerfedern sind nicht dargestellt.

Reiherente

Aythya fuligula

Beschreibung Seite 50

Reiherentenfedern sind relativ kurz, kräftig und lassen den weißen Flügelstreif erkennen. Zusätzlich ist eine der Schopffedern vom Hinterkopf des männlichen Prachtkleides abgebildet, die der Reiherente den Namen geben.

Schellente

Bucephala clangula

Beschreibung Seite 51

Die mittleren Armschwingen sind – anders als beim Gänsesäger (S. 138) – reinweiß. Die Steuerfedern sind schmal und zugespitzt, besonders die mittleren sind verlängert.

Gänsesäger

Mergus merganser

Beschreibung Seite 52

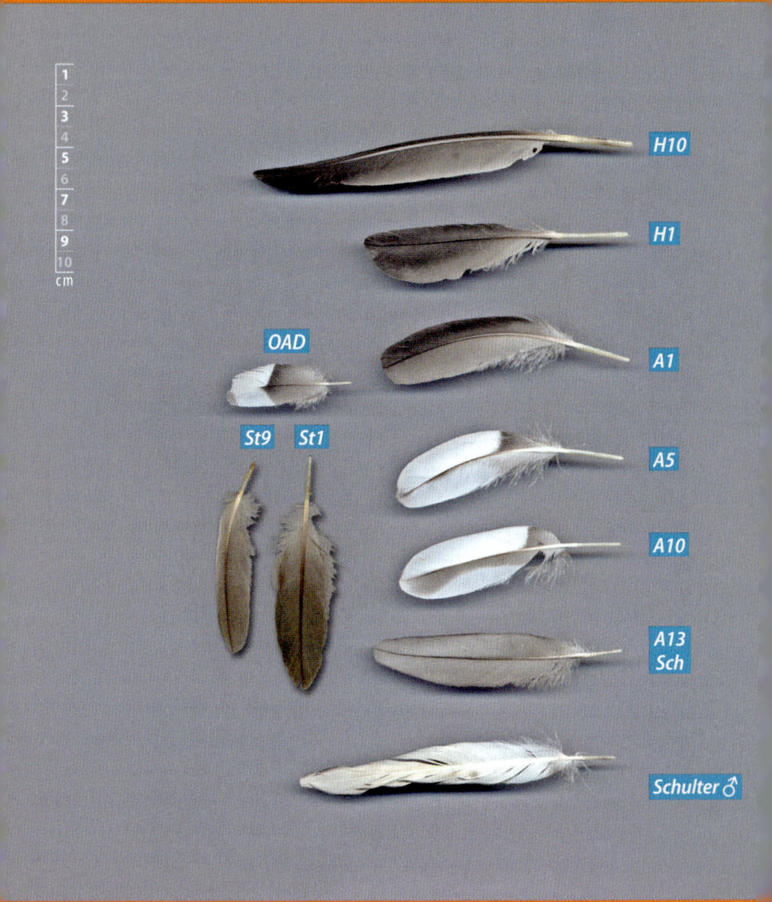

Die Flügelfedern stammen zum größeren Teil von einem weibchenfarbigen Vogel, die Große Obere Armdecke (OAD) gehört zur Armschwinge 12. Die Steuerfedern sind von einem anderen Individuum.

Zwergtaucher

Tachybaptus ruficollis

Beschreibung Seite 53

Der kleinste Lappentaucher. Hier ist nichts von einem Schwanz zu entdecken; siehe aber Foto oben. Auch der weiße Flügelspiegel ist schwach entwickelt.

Haubentaucher

Podiceps cristatus

Beschreibung Seite 54

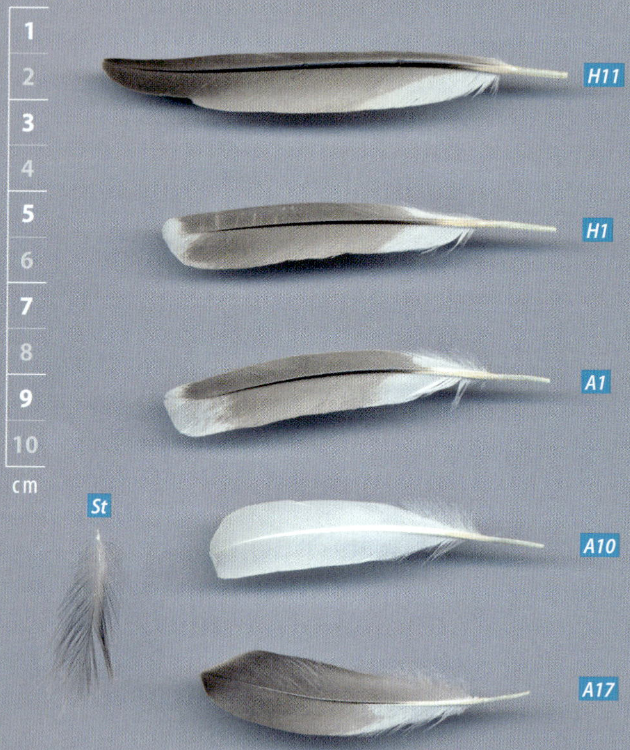

Im Vergleich mit anderen Lappentauchern ist zuerst die Größe der Federn maßgeblich. Wie bei allen Lappentauchern ist der Schwanz zu ein paar dunigen Resten reduziert, sodass man selbst bei einer vollständigen Rupfung die Steuerfedern kaum finden wird.

Rothalstaucher

Podiceps grisegena

Beschreibung Seite 55

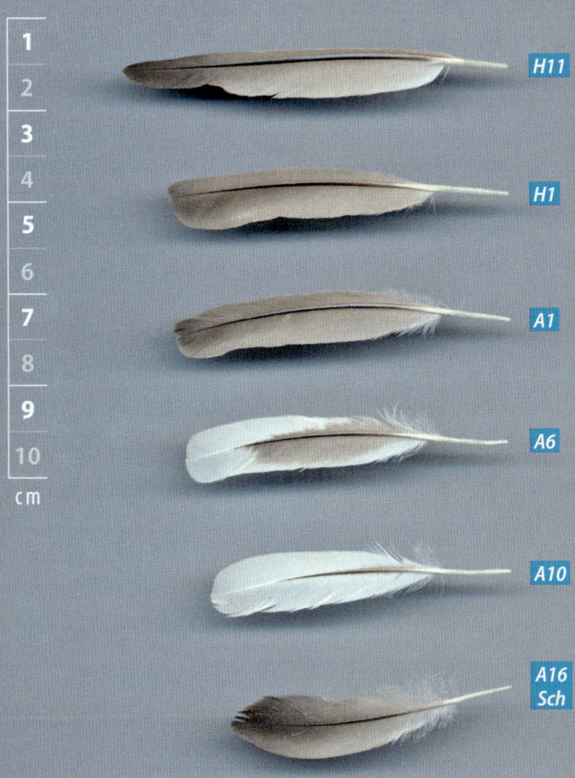

Der weiße Armflügelspiegel beschränkt sich auf den inneren Arm. Die Steuerfedern sind wie bei Lappentauchern üblich unbedeutend.

Ohrentaucher

Podiceps auritus

Beschreibung Seite 56

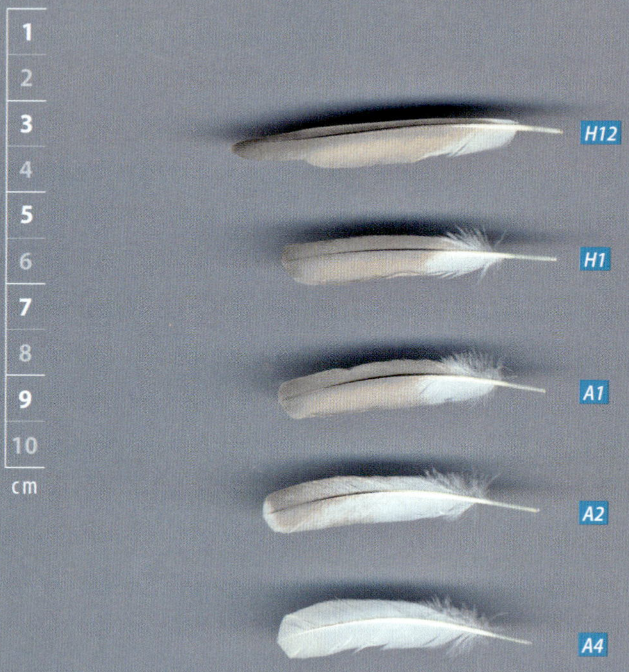

Das Weiß des Armflügelspiegels erreicht weder die inneren Handschwingen noch die äußeren Armschwingen. Die unscheinbaren Steuerfedern sind nicht abgebildet.

Schwarzhalstaucher

Podiceps nigricollis

Beschreibung Seite 57

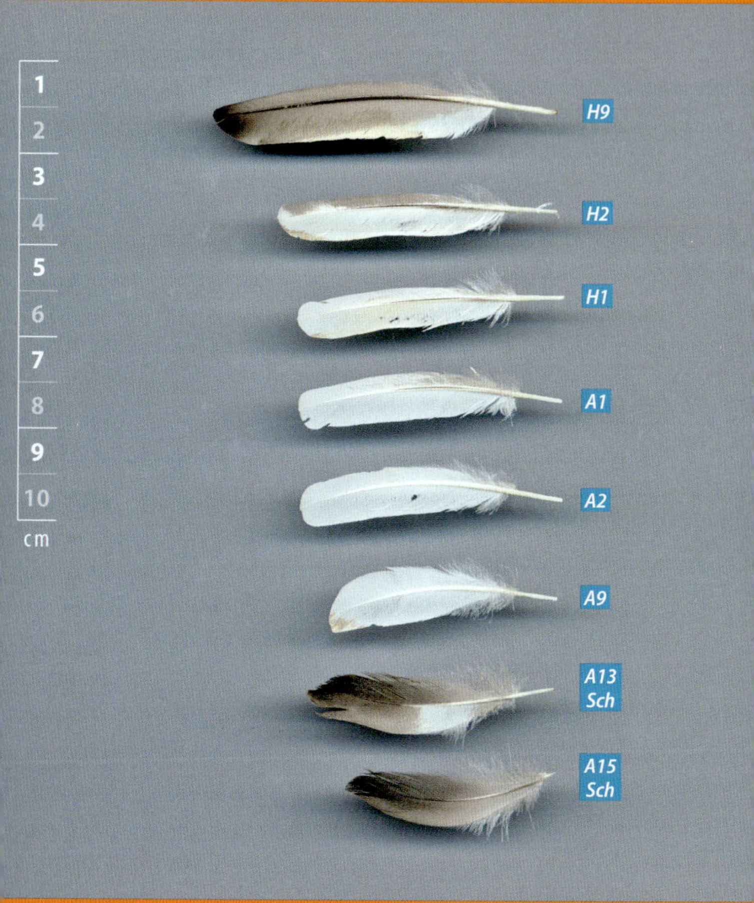

Bei dieser Art ist der weiße Armflügelspiegel ausgedehnter als bei den anderen Lappentauchern und reicht deutlich bis in die Handschwingen hinein. Die Schirmfedern sind mit Übergängen wieder dunkel. Die Schwanzfedern sind unbedeutend.

Kormoran

Phalacrocorax carbo

Beschreibung Seite 58

Was man auf der Tafel nicht wahrnimmt: die schwarzen Schäfte der Unterseite und den moschusartigen, fischigen Geruch der Federn sowie die mechanische Festigkeit der Steuerfedern.

Rohrdommel

Botaurus stellaris

Beschreibung Seite 60

Alle Schwingen weisen eine mehr oder weniger deutliche graubraune Querbänderung auf ockerfarbenem Grund auf. Die Steuerfedern sind wie bei den anderen Reihern recht klein.

Zwergdommel

Ixobrychus minutus

Beschreibung Seite 61

Federn eines männlichen Altvogels. Von den kräftigen Farbkontrasten im Kleid dieses kleinen Reihers ist im Großgefieder nichts zu entdecken, allenfalls schwache, lichte Säume. Die Steuerfedern wirken wie bei den anderen Reihern schmächtig.

Nachtreiher

Nycticorax nycticorax

Beschreibung Seite 62

Die Nachtreiherfedern (Altvogel) wirken ausgesprochen einfarbig grau und flach. Die unten abgebildete Armschwinge des rechten Flügels ist durch ihre weiße Spitze als Jungvogelfeder erkennbar.

Graureiher
Ardea cinerea

Beschreibung Seite 63

Bezeichnend für das gesamte Gefieder ist ein blaugrauer Schimmer, der bei den äußeren Handschwingen aber wenig ausgeprägt ist. Die Steuerfedern sind bei den Reihern erstaunlich klein im Vergleich zu den Schwingen.

Weißstorch

Ciconia ciconia

Beschreibung Seite 64

Die Schwingen sind groß und glänzend schwarz mit schwachem grün-purpurnem Schimmer. Auf den Außenfahnen der inneren Handschwingen und der äußeren Armschwingen liegt eine weißliche Beschichtung. Die Steuerfedern sind weiß, hier mit rötlicher Erdfärbung getönt.

Fischadler

Pandion haliaetus

Beschreibung Seite 65

Während die mittlere Steuerfeder fast ohne Zeichnung ist, bildet sich nach außen hin eine deutliche Querbänderung aus.

Rohrweihe

Circus aeruginosus

Beschreibung Seite 67

Federn eines unausgefärbten, jugendlichen Individuums. Anders als bei vielen anderen Greifvögeln fehlt eine Querbänderung. Die Steuerfedern sind lang und schmal.

Rotmilan

Milvus milvus

Beschreibung Seite 68

Die Federn sind stark verkleinert. Die äußere Steuerfeder (St6) ist im Original 38 cm lang. Auch sind die mittleren Handschwingen viel länger als H10 (siehe Flugbild oben).

Seeadler

Haliaeetus albicilla

Beschreibung Seite 69

Die Federn stammen mit einer Ausnahme von einem Jungvogel. Die kürzeste Steuerfeder mit viel Weißanteil (St alt) ist eine einzelne Mauserfeder, gefunden auf der schwedischen Insel Öland. Die Federn sind stark verkleinert und gespiegelt.

Kranich

Grus grus

Beschreibung Seite 71

Die inneren Armschwingen und die Decken besonders der Schulterregion sind als Zierfedern stark vergrößert und abgewandelt.

Wasserralle

Rallus aquaticus

Beschreibung Seite 72

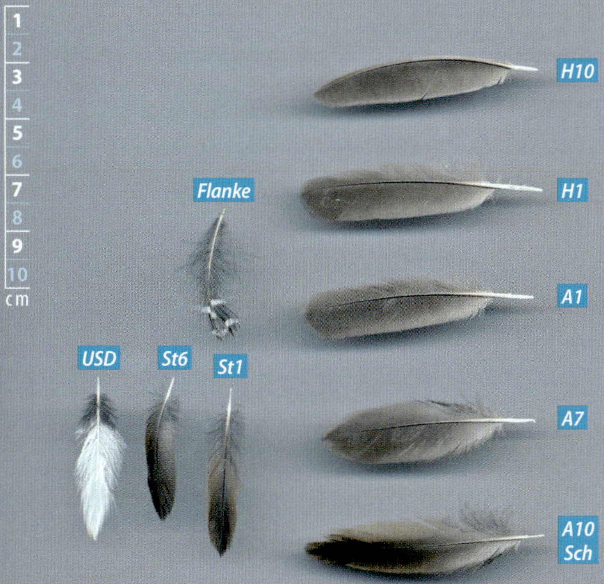

Das Großgefieder wirkt durchweg düster. Als charakteristisch abweichend werden aus dem Kleingefieder eine der quer gebänderten Flankenfedern und eine der weißen Unterschwanzdecken (USD) abgebildet.

Tüpfelsumpfhuhn

Porzana porzana

Beschreibung Seite 73

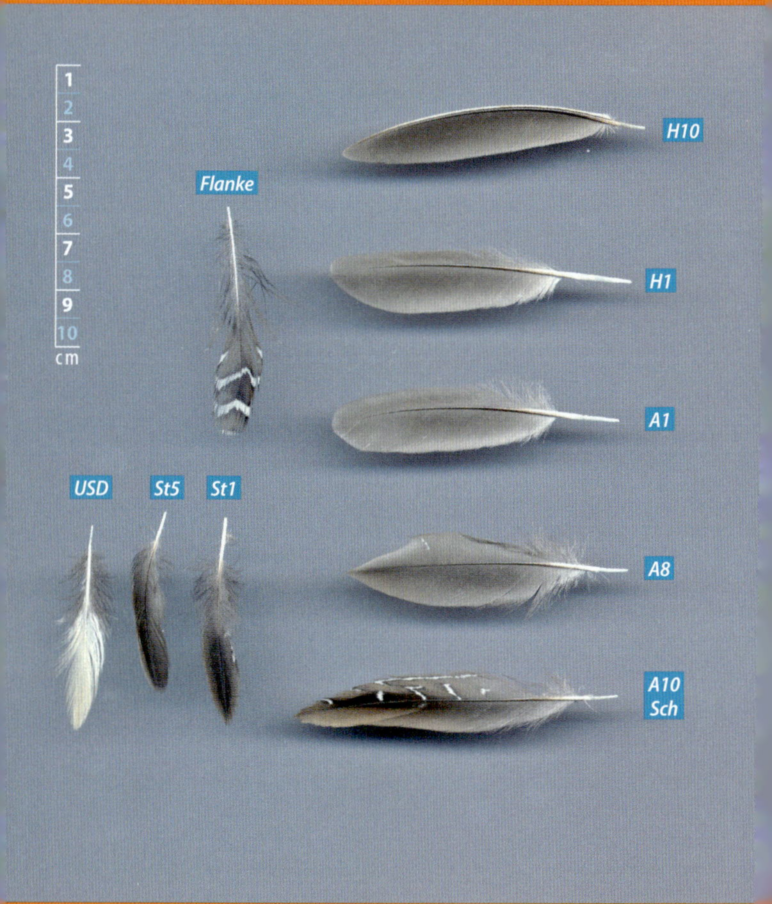

Eine Tüpfelzeichnung ist nur in dem Kritzelmuster der Schirmfeder A10 zu erkennen. Bezeichnend sind jedoch auch die quer gebänderte Flankenfeder und die helle Unterschwanzdecke (USD). Man vergleiche die Wasserralle (S. 155).

Teichhuhn

Gallinula chloropus

Beschreibung Seite 74

Die Federn stammen von einem alten Weibchen. Die äußerste Handschwinge hat eine helle Außenfahne. Bezeichnend ist auch aus dem Kleingefieder die Flankenfeder mit dem breiten weißen Schaftstrich.

Blässhuhn

Fulica atra

Beschreibung Seite 75

Blässhühner haben recht kurze und runde Flügel, was sich darin zeigt, dass Hand- und Armschwingen etwa gleich lang sind. Die Handschwingen sind stärker gewölbt, als auf der Tafel zu erkennen ist.

Austernfischer

Haematopus ostralegus

Beschreibung Seite 77

Austernfischer sind Küstenvögel. Man wird die Art und ihre auffallenden Federn im Binnenland seltener finden. Die Federn können teilweise mit denen der Uferschnepfe (S. 165) verwechselt werden, die aber kleiner sind.

Säbelschnäbler

Recurvirostra avosetta

Beschreibung Seite 78

Federn eines Jungvogels, was sich besonders an der Farbgebung der Schirmfeder (Sch) zeigt.

Goldregenpfeifer

Pluvialis apricaria

Beschreibung Seite 79

Die Federn stammen von einem alten Männchen, das im Herbst am Westerhever Leuchtturm verunglückt ist. Die Armschwinge A11 ist noch nicht vermausert.

Kiebitz

Vanellus vanellus

Beschreibung Seite 80

Besonders kennzeichnend sind die aufgehellten Spitzen der äußeren Handschwingen. Charakteristisch sind auch die auffallend gefärbten Unterschwanzdecken (USD).

Flussregenpfeifer

Charadrius dubius

Beschreibung Seite 82

Im Binnenland gibt es außer dem Flussregenpfeifer keinen weiteren kleinen Regenpfeifer, außer auf dem Durchzug.

Großer Brachvogel

Numenius arquata

Beschreibung Seite 83

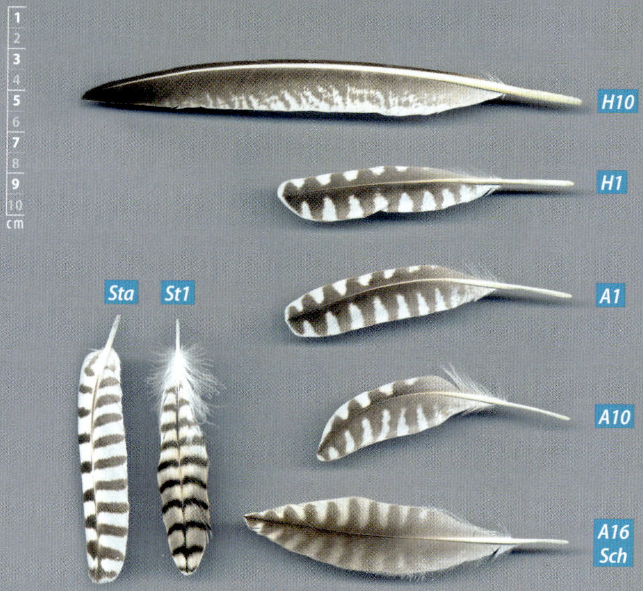

Bei den äußeren Handschwingen löst sich das Sägezahnmuster auf, bei den Schirmfedern wird es durch Pigment verdunkelt.

Uferschnepfe

Limosa limosa

Beschreibung Seite 84

Die Federn fallen durch ihre kontrastreiche Zeichnung auf. Sie unterscheiden sich durch ihre geringe Größe von denen von Kiebitz und Austernfischer.

Zwergschnepfe

Limnocryptes minimus

Beschreibung Seite 86

Sehr kleine, ihrer Größe nach singvogelartige Federn, doch kennzeichnet die Kritzelzeichnung auf der mittleren Steuerfeder und der Schirmfeder die Schnepfe. Der helle Streif in der Schulterdecke tarnt den ruhenden Vogel im trockenen, gelben Gras.

Bekassine

Gallinago gallinago

Beschreibung Seite 87

Die Außensteuerfeder St7 ist die „Meckerfeder", mit deren Hilfe das Männchen der Bekassine bei seinem Revierflug das Meckern, eine instrumentale Lautäußerung, erzeugt.

Flussuferläufer

Actitis hypoleucos

Beschreibung Seite 88

Von den weißen Signalfeldern im Flügel wie im äußeren Schwanz ist beim ruhenden oder laufenden Vogel, wenn der Flügel und der Schwanz zusammengefaltet sind, nichts zu sehen.

Rotschenkel

Tringa totanus

Beschreibung Seite 89

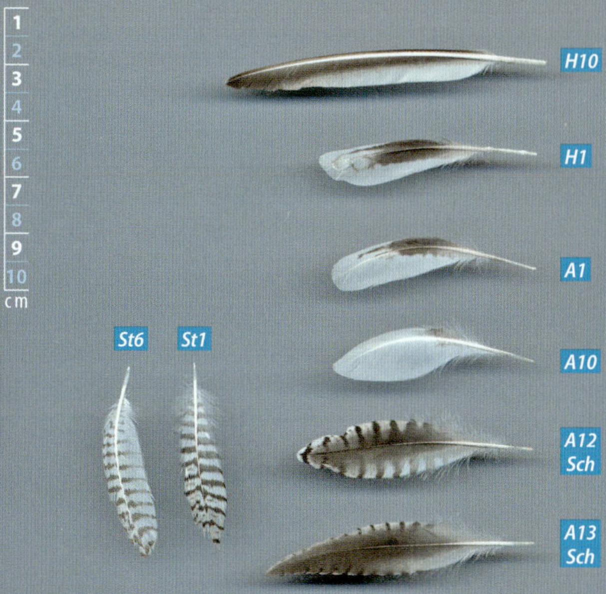

Vogel im Prachtkleid vom 20. Mai. Im Schlichtkleid sind die Schirmfedern einheitlich grau.

Grünschenkel

Tringa nebularia

Beschreibung Seite 90

Das Bänderungsmuster der Steuerfedern ist auch im Vergleich mit anderen Wasserläufern für die Bestimmung hilfreich (vgl. Rotschenkel S. 169, Wald- und Bruchwasserläufer S. 171 und 172).

Waldwasserläufer

Tringa ochropus

Beschreibung Seite 91

Die Querbänderung der inneren Steuerfedern ist grober als beim Bruchwasserläufer (S. 172). Bezeichnend ist die quer gemusterte Untere Armdecke (UAD).

Bruchwasserläufer

Tringa glareola

Beschreibung Seite 92

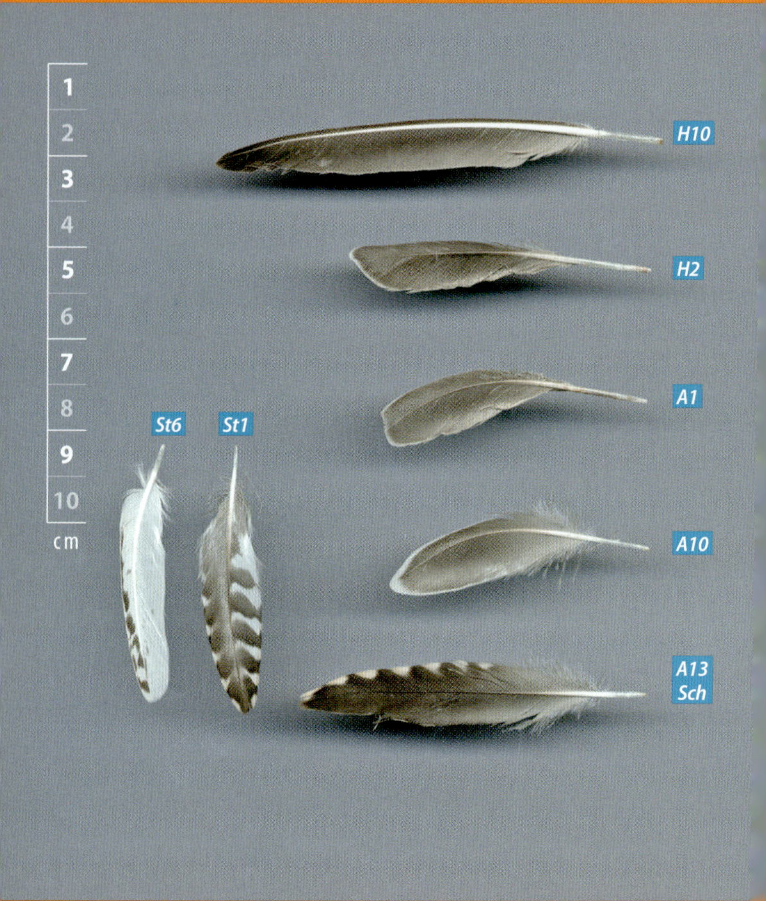

Die Bänderung der inneren Steuerfedern ist feiner als beim Waldwasserläufer (S. 171), das Sägezahnmuster bei der Schirmfeder aber gröber.

Kampfläufer

Philomachus pugnax

Beschreibung Seite 93

Die ganz unten abgebildete lange Schirmfeder (Sch PK) stammt vom Prachtkleid eines Männchens.

Zwergmöwe

Hydrocoloeus minutus

Beschreibung Seite 95

Federn eines Altvogels. Die Hand- und äußeren Armschwingen wirken von oben dunkelgrau, von unten schwarz. Bezeichnend sind im Alterskleid die breiten weißen Endsäume, selbst in den Handschwingen. Jungvögel haben im Schwanz ein schwarzbraunes Endband, das aber die äußerste Feder (St6 jung) oft nicht erreicht.

Lachmöwe

Larus ridibundus

Beschreibung Seite 98

Die Federn stammen von einem Altvogel. Neben den beiden weißen Steuerfedern ist zum Vergleich die Steuerfeder 1 eines Jungvogels mit schwarzbraunem Endband dargestellt.

Sturmmöwe

Larus canus

Beschreibung Seite 99

Die Sturmmöwe ist ein kleines Abbild der Silbermöwe, was sich auch in den Federn zeigt. Doch weichen die Federn des Jungvogels deutlich ab.

Silbermöwe

Larus argentatus

Beschreibung Seite 100

Wegen ihrer Größe können Silbermöwenfedern ganz gut von denen anderer das Binnenland bewohnenden Möwen unterschieden werden. In jüngerer Zeit haben sich vermehrt andere Großmöwen hier angesiedelt, was die Verwechslungsgefahr erhöht. Die beiden Steuerfedern lassen erhebliche individuelle Größenunterschiede erkennen.

Zwergseeschwalbe

Sternula albifrons

Beschreibung Seite 102

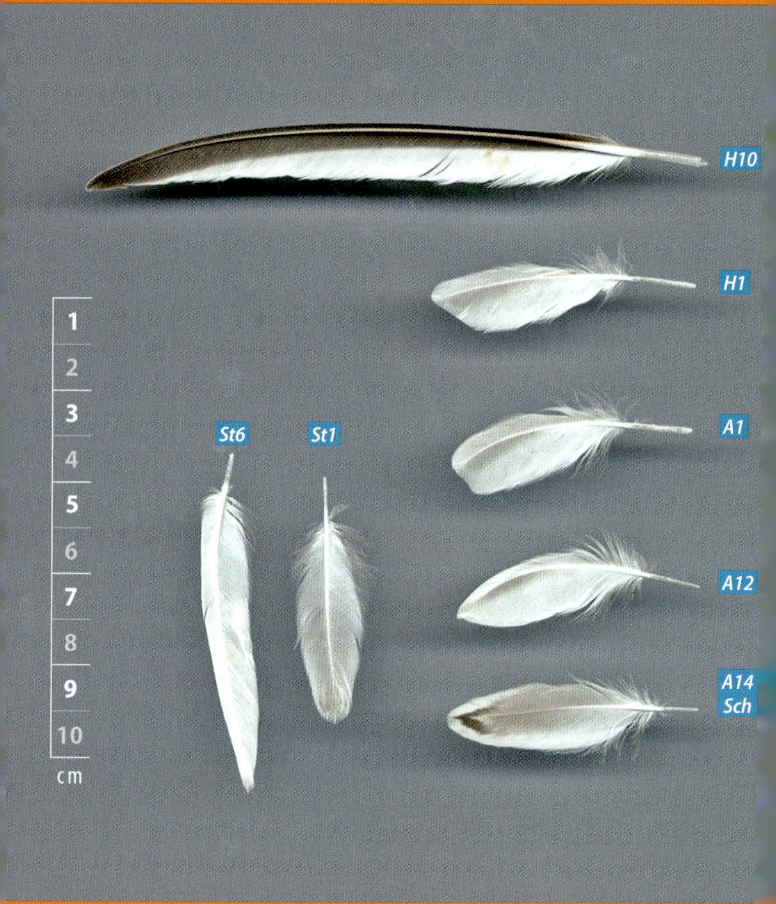

Federn eines Jungvogels, was besonders an der V-Zeichnung der Schirmfeder sichtbar wird. Zierlich, aber von höchster Eleganz.

Trauerseeschwalbe

Chlidonias niger

Beschreibung Seite 103

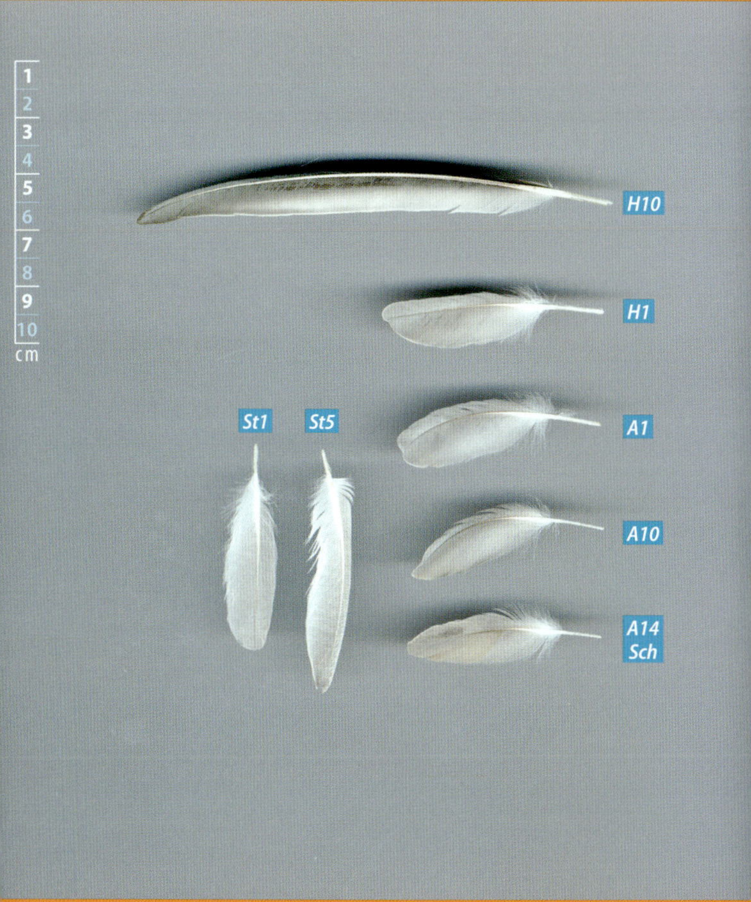

Die Federn wirken heller als der Name der Trauerseeschwalbe und ihr Prachtkleid erwarten lassen.

Flussseeschwalbe

Sterna hirundo

Beschreibung Seite 105

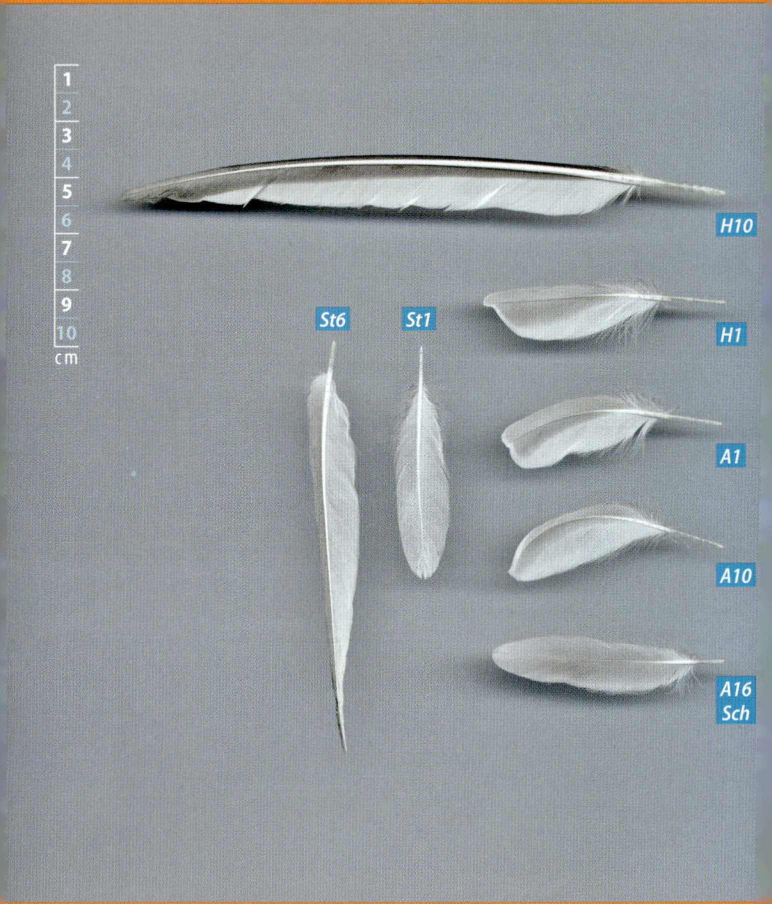

Im Alterskleid ist die äußerste Steuerfeder (St6) stark verlängert und zugespitzt, bei Jungvögeln ist das noch nicht so ausgeprägt.

Sumpfohreule

Asio flammeus

Beschreibung Seite 106

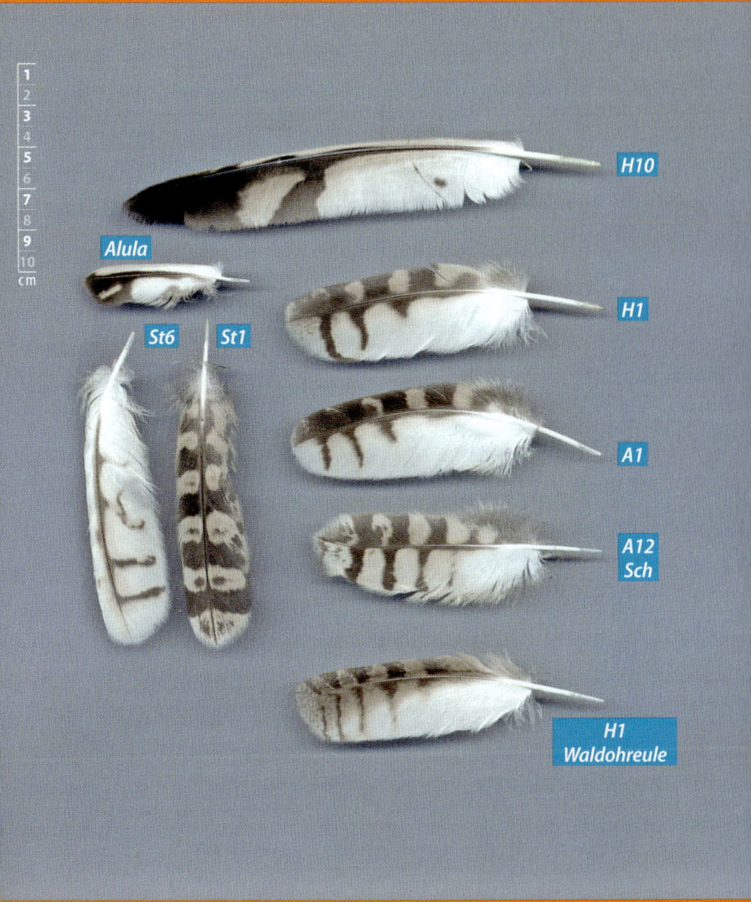

Die Zeichnung der Sumpfohreulenfedern wirkt großzügig. Zum Vergleich ist unten die innere Handschwinge (H1) einer Waldohreule abgebildet: schmalere Binden und mehr Grau.

Beutelmeise

Remiz pendulinus

Beschreibung Seite 108

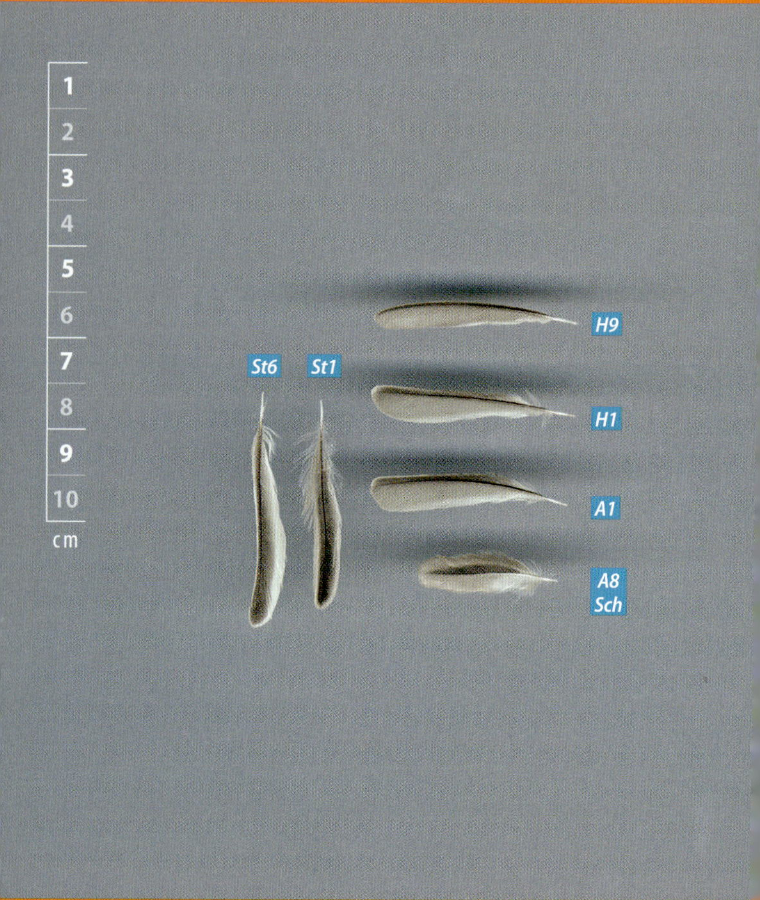

Die Federn sind sehr zart und durchscheinend, die Steuerfedern auffallend schlank (Jungvogel).

Bartmeise

Panurus biarmicus

Beschreibung Seite 109

Besonders beachtenswert sind der lange, gestufte Schwanz und die mehrfarbige innere Armschwinge (Sch). Abgebildet sind die Federn eines männlichen Altvogels (im Bild oben ein Jungvogel).

Wasseramsel

Cinclus cinclus

Beschreibung Seite 111

Die Federn stammen von einem Vogel im Jugendkleid. Bezeichnend sind die dunklen Schäfte, die sich von den Fahnen abheben.

Blaukehlchen

Luscinia svecica

Beschreibung Seite 112

Die orangefarbene Basis der äußeren Steuerfedern wird normalerweise von der dunklen mittleren Schwanzfeder verdeckt, tritt aber zutage, wenn der Schwanz gespreizt wird (siehe Foto oben).

Gebirgsstelze

Motacilla cinerea

Beschreibung Seite 113

Sowohl die Flügelfedern als auch der Schwanz haben viel Weiß. Die Steuerfedern sind zudem länger und schmaler. Die Federn stammen von einem Weibchen. Wie bei allen Stelzen ist die Schirmfeder A7 stark verlängert. Alle Kleider der Gebirgsstelze haben einen gelben Unterschwanz.

Rohrammer

Emberiza schoeniclus

Beschreibung Seite 114

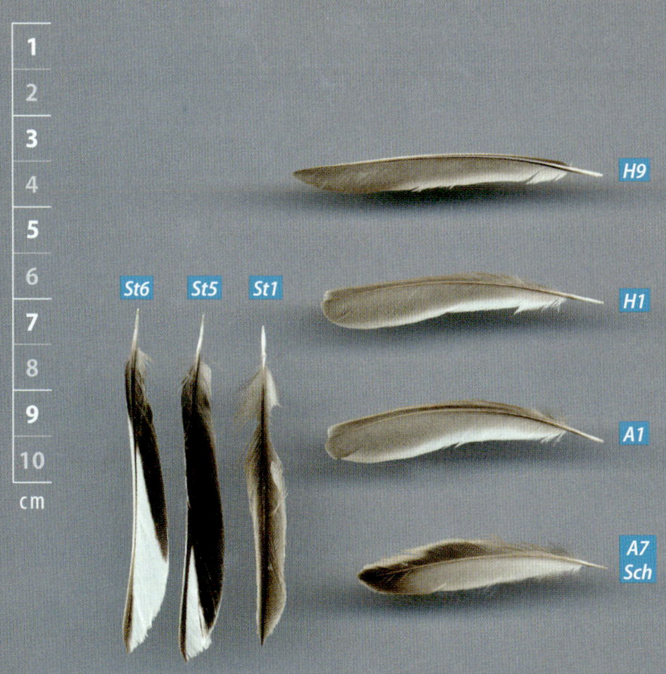

Bei Singvögeln ist die 10. Handschwinge oft winzig, sodass hier die H9 abgebildet wird. Die mittlere Steuerfeder (St1) ist tarnfarbig und deckt den geschlossenen Schwanz nach oben ab, sodass die weißen Keilflecken bei den beiden äußeren Schwanzfedern dann nicht zu sehen sind.

Eisvogel

Alcedo atthis

Beschreibung Seite 116

Schwingen und Steuerfedern lassen von der Farbenpracht des Vogels nur wenig erkennen. Die Außenfahnen tragen einen mattblauen Glanz.

Glossar

Dieses Buch soll möglichst nicht mit zu viel Fachwissen belastet werden, doch ohne alle Fachwörter geht es nicht. Manche treten bereits in der Einführung auf, andere in den Texten zu den Arten. Hier sind die wichtigsten zusammengestellt und erklärt.

Alula

Der Daumenfittich als Teil des Handflügels besteht bei Wasservögeln aus vier sehr kurzen Schwingen, bei Singvögeln findet man gewöhnlich nur drei. Die Alula kann beim Landen abgespreizt werden, teils auch beim Tauchen.

Armschwinge

Armschwingen sind meist kürzer als die Handschwingen, haben eine seitlich gebogene Form und sitzen an der Elle am Unterarm des Vogels zwischen Handflügel und Ellenbogen an. Sie dienen vorwiegend dazu, den Vogel beim Gleitflug in der Luft zu halten. Die Außenfahne ist schmaler als die Innenfahne, aber die Asymmetrie ist nicht so ausgeprägt wie bei den Handschwingen. Bei Singvögeln gibt es meist nur neun bis zehn Armschwingen (einschließlich der Schirmfedern), bei Nichtsingvögeln kann ihre Zahl größer sein. Sie werden entsprechend ihrem Mausermodus von außen nach innen gezählt.

Daunen/Dunen

Dunen sind sehr kleine unter oder zwischen den Körperdecken stehende Federn mit winzigem Schaft und frei stehenden Federästen, die keine Federfahnen bilden. Sie dienen vor allem der Wärmeisolation.

Ellenbogenfedern

Die innersten Armschwingen sitzen in der Ellenbogenregion des Armes an. Gleichbedeutend mit Schirmfedern. Bei vielen Vogelarten, besonders Watvögeln und Enten, sind sie verlängert und tragen besondere Muster. Bei Nichtsingvögeln allgemein treten noch die Schulterfedern hinzu.

Fahne

Die zart gebaute Federfläche mit reißverschlussartig verzahnten Federästen (Rami), die auf beiden Seiten am Schaft der Feder ansitzt. Bei den Schwingen und Schwanzfedern ist die Außenfahne meist schmaler als die Innenfahne. Je weiter außen die Feder im Flügel oder im Schwanz ansitzt, desto stärker ist ihre Asymmetrie ausgebildet. Dunen haben keine Fahne.

Feder

Eine Feder ist ein unbelebtes Hautgebilde des Vogels – so wie die Haare bei Säugetieren. Sie wächst beim Jungvogel ebenso wie beim mausernden Vogel aus einer Hautpapille heran. Als wachsendes Gebilde trägt sie noch einen gut durchbluteten Basalteil, den Blutkiel. Später stirbt die Feder vollständig ab und ist gefühllos. Nur an der Basis in der Haut ist sie von Nerven und Muskeln umgeben und kann bewegt werden. Hier fühlt der Vogel auch, wenn die Feder berührt wird, und es tut ihm weh, wenn sie mit Gewalt ausgerissen wird.

Die Licht reflektierenden Glanzstreifen sieht man an der Unterseite der Handschwingen.

Glanzstreif

Ein auf der Unterseite der Handschwingen den Kiel beidseitig begleitendes, fettig-glänzendes Feld, das der Stabilisierung der Feder dienen dürfte. Manche verwenden auch den Begriff Schmalzrinne dafür. Bei starker Abnutzung der Federfahnen bleibt der Glanzstreif als Letztes stehen. Ein mehr oder weniger breiter Streifen entlang des Saumes der Innenfahne sowie die Federspitze sind frei davon und zugleich flexibler. Er ist besonders bei Entenvögeln auffällig, findet sich aber auch in den Handschwingen von Hühnervögeln und anderen Nichtsingvögeln. Die Armschwingen lassen nichts davon erkennen, wohl aber die Alula.

Großgefieder

Hierzu gehören die Hand- und die Armschwingen einschließlich der Schirmfedern sowie die Steuerfedern. Man kann auch die Federn der Alula dazuzählen. Nicht dazu gehören die den Körper bedeckenden Konturfedern und die Dunen.

Handschwinge

Die kräftigsten, meist auch längsten und haltbarsten Federn eines Vogels. Sie sitzen am Handflügel, haben eine gestreckte Form und dienen dazu, den Vogel im aktiven Flug vorwärtszutreiben; sie können auch beim Gleit- und Segelflug behilflich sein. Die Außenfahne ist schmaler als die Innenfahne. Die Erneuerung der Handschwingen erfolgt meist von innen nach außen, das heißt vom Handgelenk aus zur Flügelspitze hin. Deswegen werden die Handschwingen vom Handgelenk aus nach außen hin gezählt. Bei den Singvögeln und den meisten Nichtsingvögeln sind es zehn, bei einigen Gruppen wie zum Beispiel den Lappentauchern sind es elf an der Zahl.

Kiel

Die tragende Einheit der Feder. Sie besteht aus dem Schaft (Rhachis), an dem die Fahnen ansitzen, und der basalen fahnenfreien und hohlen Spule (Calamus), die in der Haut verankert ist. Der Kiel wird auch Scapus genannt.

Kleingefieder

Körpergefieder: Alle die Körperoberfläche bedeckenden Konturfedern ohne die Schwanzfedern, Schwingen und Alula des Flügels. Das Kleingefieder gibt dem Vogel die äußere Form und das Färbungsmuster, es schützt ihn gegen Temperaturschwankungen und viele andere Außeneinflüsse. Die Dunen sind keine Konturfedern und werden nicht dazugerechnet.

Konturfeder

Eine Feder mit Fahnen. Sowohl die Federn des Großgefieders als auch die Körperdecken gehören dazu. Die Dunen haben keine Fahne und gehören nicht zu den Konturfedern.

Mauser

Erneuerung des Federkleides. Dieser energiezehrende Prozess geht langsam vor sich, wobei die Federn meist in einer bestimmten Reihenfolge nacheinander ausfallen und nachwachsen. Deswegen erstreckt sich der Vorgang meist über Monate. Bei der Mehrzahl der kleinen Vögel ist er so gesteuert, dass die entstehende Mauserlücke im Flügel jeweils nur drei bis vier Federn umfasst, sodass sie weiterhin fliegen können. Bei manchen Vögeln wie Tauchern, Rallen, Enten und Gänsen fallen die Flügelfedern jedoch innerhalb weniger Tage synchron aus und wachsen anschließend gleichzeitig nach. Diese Vögel sind dann eine Zeit lang flugunfähig. Manche Vögel erneuern die Körperfedern zweimal im Jahr und wechseln zwischen einem Prachtkleid, das sie im Frühjahr und Sommer tragen, und einem unauffälligen Schlichtkleid im Herbst und Winter. Dieser Kleiderwechsel betrifft aber vorwiegend das Kleingefieder. Von einer Vollmauser spricht man dann, wenn Groß- und Kleingefieder gewechselt werden, bei einer Teilmauser wird nur das Kleingefieder ausgetauscht.

Prachtkleid

Auffälliges Kleid, vor allem beim Männchen. Es entsteht durch Mauser oder Abrieb von Federsäumen nach dem Schlichtkleid. Früher sprach man vom Brutkleid. Da das Prachtkleid beispielsweise bei den Enten bereits lange Zeit vor der Brutphase angelegt wird, ist der Begriff Prachtkleid besser geeignet.

Rupfung

Greifvögel und manche Eulen, die einen Vogel erbeutet haben, rupfen mehr oder weniger sorgfältig seine Federn aus, bevor sie ihn verzehren. Man findet dann als Rest der Mahlzeit einen Haufen Federn, oft an einer etwas erhöhten Stelle – die Rupfung. Ein Wanderfalke hinterlässt meist das noch zusammenhängende Flügelpaar, oft auch mit anderen Teilen des Skeletts, wie Schultergürtel und Brustbein. Sind die Federn unten an der Spule abgebissen, so war ein Säugetier als Beutegreifer beteiligt – zum Beispiel ein Rotfuchs. Manchmal entsteht eine Mischrupfung dadurch, dass an einer Stelle zwei Vögel gerupft worden sind. Rupfungen sind oft unvollständig, weil der Greifvogel den Platz gewechselt hat oder der Wind Federn verweht hat. Es kann auch geschehen, dass ein Greifvogel die Beute verlassen hat und ein Fuchs oder Marder sie weiter nutzt. Dann liegen ausgerupfte neben abgebissenen Federn.

Schaft

Der solide Teil des Federkiels, der auf beiden Seiten die Fahnen trägt.

Schirmfeder

Gleichbedeutend mit Ellenbogenfeder. Die Schirmfedern sind meist gerade gestreckt und nahezu symmetrisch geformt, das heißt die Außenfahne ist ungefähr so breit wie die Innenfahne. Sie dienen dazu, bei gestrecktem Flügel die Gleitfläche zwischen Armschwingen und Körper zu schließen, bei zusammengelegtem Flügel legen sie sich schützend auf die Hand- und Armschwingen. Bei den Watvögeln (Limikolen) und bei einigen Singvögeln sind sie flexibler und viel länger als die normalen Armschwingen. Wegen ihrer Exposition neigen sie stärker als andere Federn zur Abnutzung und zum Ausbleichen und werden bei einem Teil der Vögel auch zusätzlich zwischen zwei Vollmausern erneuert.

Schlichtkleid

Unauffälliges Kleid, das durch Mauser nach dem Prachtkleid entsteht und vor allem außerhalb der Fortpflanzungsperiode getragen wird. Bei Enten wird es nur kurzfristig für die Zeit der Flügelmauser angelegt. Der alte Begriff ist Ruhekleid.

Schulterfedern

Am Oberarm (Humerus) ansitzende Federn, die bei Nichtsingvögeln die Lücke zwischen innerem Armflügel (Schirmfedern) und Körpergefieder füllen. Sie sind zum Teil ähnlich wie innere Armschwingen gezeichnet und meist symmetrisch gebaut.

Schwanzfeder

Die Schwanzfedern des Vogels dienen einerseits dem Steuern im

Flug; der Schwanz wird andererseits beim Landen gespreizt und hilft beim Bremsen. Sie heißen auch Steuerfedern und sind meist relativ kurz und stabil. Die äußeren sind asymmetrisch geformt mit sehr schmaler Außenfahne, die inneren sind beinahe symmetrisch. Diese innersten Steuerfedern haben oft ein abweichendes, tarnendes Färbungsmuster und decken den zusammengelegten Schwanz nach oben ab, wie die Schirmfedern es im Flügel tun. Der Schwanz ist in der Regel symmetrisch aufgebaut und besteht auf jeder Seite aus 6, insgesamt also aus 12 Federn. Bei Entenvögeln sind es in der Regel auf jeder Seite 7 oder 8, also insgesamt 14 oder 16. Weniger Federn kommen selten vor, doch manche Arten haben mehr. Die Schwanzfedern werden bei der Mauser meist von der Schwanzmitte nach außen hin in beide Richtungen (deszendent) erneuert und werden deshalb auch so gezählt. Die Feder 1 steht jeweils in der Mitte, die 6., 7. oder 8. ist die äußerste.

Schwinge

Eine der Flugfedern aus dem Hand- oder dem Armflügel. Landläufig wird darunter auch der ganze Flügel verstanden (auch Fittich genannt). In diesem Buch ist aber mit Schwinge immer eine einzelne Flügelfeder gemeint. Man unterscheidet Hand- und Armschwingen.

Spiegel

Ein farblich herausgehobenes Feld in den mittleren Armschwingen vor allem bei Entenvögeln. Hier tragen die Außenfahnen der Armschwingen meist einen blauen, grünen oder violetten Glanz. Der Spiegel kann zusätzlich schwarz, weiß oder in anderer Farbe gerandet sein.

Spule

Der hohle und fahnenfreie Teil des Federkiels, der in der Haut verankert ist.

Steuerfeder

siehe Schwanzfeder

Literaturverzeichnis

Bauer, H.-G., E. Bezzel & W. Fiedler (Hrsg., 2005): Das Kompendium der Vögel Mitteleuropas. Alles über Biologie, Gefährdung und Schutz. Aula-Verlag, Wiebelsheim, 2. Aufl.

Bergmann, H.-H. (2010): Aves, Vögel. In: Westheide, W. & R. Rieger (Hrsg.): Spezielle Zoologie. Spektrum, Heidelberg, 2. Aufl.

Bergmann, H.-H. (2010): Vogelfedern an Nord- und Ostsee – Finden und Bestimmen. Quelle & Meyer Verlag, Wiebelsheim.

Bezzel, E. (2010): Vogelfedern – Federn heimischer Arten bestimmen. BLV Verlag, München, 3. Aufl.

Brown, R., J. Ferguson, M. Lawrence & D. Lees (2005): Federn, Spuren und Zeichen der Vögel Europas. Aula-Verlag, Wiebelsheim, 4. Aufl.

Busching, W.-D. (1997): Handbuch der Gefiederkunde europäischer Vögel. Bd. 1, Aula-Verlag, Wiesbaden.

Busching, W.-D. (2007–2008): Watvogelstudien. Seevögel 28 (3): 58–69; (4): 99–107; 29 (1): 3–9.

Cieślak, M. & B. Dul (2006): Feathers – identification for bird conservation. Natura Publishing House, Warschau.

Fünfstück, H.-J. (2008): Ein hilfreiches Instrument: Die Federsammlung. Der Falke 55 (Heft 6): 216, mit Kommentaren in Heft 10, 2008, S. 397.

Glutz von Blotzheim, U. N. & K. M. Bauer (Hrsg., 1966–1997): Handbuch der Vögel Mitteleuropas. Akademische Verlagsgesellschaft, Wiesbaden.

Heinze, G.-M. (2003): Das Großgefieder der Greifvögel Niedersachsens – eine Bestimmungshilfe für Mauserfedern, Rupfungen und Totfunde. CD, Teil 1. Eigenverlag Osten/Oste.

März, R. (1987): Gewöll- und Rupfungskunde. 3. Aufl., bearb. v. K. Banz. Akademie-Verlag, Berlin.

Müller, F. (1980–1992): Wildbiologische Informationen für den Jäger. Jagd- und Hege Ausbildungsbuch Bd. 3, 5, 7, 8, 9, 10, Enke Verlag, Stuttgart; Jagdbuch Verlag, Balzers; Jagd & Hege Verlag, St. Gallen.

Winkler, R. & L. Jenni (2007): Alters- und Geschlechtsbestimmung europäischer Singvögel. Schweizerische Vogelwarte Sempach.

Stresemann, E. & V. Stresemann (1966): Die Mauser der Vögel. J. Ornithol. 107, Sonderheft: 1–448.

Svensson, L., K. Mullarney & D. Zetterström (2011): Der Kosmos Vogelführer. Franckh-Kosmos, Stuttgart, 2. Aufl.

Bildquellennachweis

Bachmeier, G.: 57
Bergmann, H.-H.: 7, 8, 9, 10, 11l, 11r, 12, 13, 16, 18, 23, 26, 27, 28, 30, 31o, 31u, 33o, 33u, 34, 35o, 35u, 36, 38, 39, 41, 42, 43, 44, 45, 47, 48, 49, 50, 51, 52, 53, 54, 55, 58, 60, 61, 62, 63, 64, 65, 68, 69, 71, 75, 76, 77, 78, 81, 82, 83, 85, 88, 89, 90, 93, 94, 96, 97, 98, 99, 100, 101, 105, 107, 111, 112, 115, 190
Fünfstück, H.-J.: 67, 73, 86, 108, 113, 116
Klaus, S.: 80
Moning, C.: 74, 102, 104, 109
Probst, V.: 56, 87, 106
Römhild, M.: 92

Umschlagabbildung: Federn der Rohrdommel (*Botaurus stellaris*)

Fundliste und Register der Arten

Die normal gedruckte Seitenzahl verweist auf die Beschreibung der Art, die fett gedruckte auf die zugehörige Tafel.

✓	Name	Seiten	Datum, Bemerkung
❑	Austernfischer	77, **159**	
❑	Bartmeise	109, **183**	
❑	Bekassine	87, **167**	
❑	Beutelmeise	108, **182**	
❑	Blässgans	31, **122**	
❑	Blässhuhn	75, **158**	
❑	Blaukehlchen	112, **185**	
❑	Brandgans	36, **125**	
❑	Bruchwasserläufer	92, **172**	
❑	Eisvogel	116, **188**	
❑	Fischadler	65, **150**	
❑	Flussregenpfeifer	82, **163**	
❑	Flussseeschwalbe	105, **180**	
❑	Flussuferläufer	88, **168**	
❑	Gänsesäger	52, **138**	
❑	Gebirgsstelze	113, **186**	
❑	Goldregenpfeifer	79, **161**	
❑	Graugans	34, **123**	
❑	Graureiher	63, **148**	

✓	Name	Seiten	Datum, Bemerkung
❑	Großer Brachvogel	83, **164**	
❑	Grünschenkel	90, **170**	
❑	Haubentaucher	54, **140**	
❑	Höckerschwan	28, **120**	
❑	Kampfläufer	93, **173**	
❑	Kiebitz	80, **162**	
❑	Knäkente	47, **133**	
❑	Kormoran	58, **144**	
❑	Kranich	71, **154**	
❑	Krickente	43, **130**	
❑	Lachmöwe	98, **175**	
❑	Löffelente	48, **134**	
❑	Mandarinente	39, **127**	
❑	Nachtreiher	62, **147**	
❑	Nilgans	35, **124**	
❑	Ohrentaucher	56, **142**	
❑	Pfeifente	41, **129**	
❑	Reiherente	50, **136**	
❑	Rohrammer	114, **187**	
❑	Rohrdommel	60, **145**	
❑	Rohrweihe	67, **151**	
❑	Rostgans	38, **126**	

✓	Name	Seiten	Datum, Bemerkung
❑	Rothalstaucher	55, **141**	
❑	Rotmilan	68, **152**	
❑	Rotschenkel	89, **169**	
❑	Saatgans	30, **121**	
❑	Säbelschnäbler	78, **160**	
❑	Schellente	51, **137**	
❑	Schnatterente	40, **128**	
❑	Schwarzhalstaucher	57, **143**	
❑	Seeadler	69, **153**	
❑	Silbermöwe	100, **177**	
❑	Spießente	45, **132**	
❑	Stockente	44, **131**	
❑	Sturmmöwe	99, **176**	
❑	Sumpfohreule	106, **181**	
❑	Tafelente	49, **135**	
❑	Teichhuhn	74, **157**	
❑	Trauerseeschwalbe	103, **179**	
❑	Tundrasaatgans	30, **121**	
❑	Tüpfelsumpfhuhn	73, **156**	
❑	Uferschnepfe	84, **165**	
❑	Waldsaatgans	30, **121**	
❑	Waldwasserläufer	91, **171**	

✓	Name	Seiten	Datum, Bemerkung
❑	Wasseramsel	111, **184**	
❑	Wasserralle	72, **155**	
❑	Weißstorch	64, **149**	
❑	Zwergdommel	61, **146**	
❑	Zwergmöwe	95, **174**	
❑	Zwergschnepfe	86, **166**	
❑	Zwergseeschwalbe	102, **178**	
❑	Zwergtaucher	53, **139**	

Liste der wissenschaftlichen Artnamen

Actitis hypoleucos – Flussuferläufer
Aix galericulata – Mandarinente
Alcedo atthis – Eisvogel
Alopochen aegyptiaca – Nilgans
Anas acuta – Spießente
Anas clypeata – Löffelente
Anas crecca – Krickente
Anas penelope – Pfeifente
Anas platyrhynchos – Stockente
Anas querquedula – Knäkente
Anas strepera – Schnatterente
Anser albifrons – Blässgans
Anser anser – Graugans
Anser fabalis – Saatgans
Anser fabalis fabalis – Waldsaatgans
Anser fabalis rossicus – Tundrasaatgans
Ardea cinerea – Graureiher
Asio flammeus – Sumpfohreule
Aythya ferina – Tafelente
Aythya fuligula – Reiherente
Botaurus stellaris – Rohrdommel
Bucephala clangula – Schellente
Charadrius dubius – Flussregenpfeifer
Chlidonias niger – Trauerseeschwalbe
Ciconia ciconia – Weißstorch
Cinclus cinclus – Wasseramsel
Circus aeruginosus – Rohrweihe
Cygnus olor – Höckerschwan
Emberiza schoeniclus – Rohrammer
Fulica atra – Blässhuhn
Gallinago gallinago – Bekassine
Gallinula chloropus – Teichhuhn
Grus grus – Kranich
Haematopus ostralegus – Austernfischer
Haliaeetus albicilla – Seeadler
Hydrocoloeus minutus – Zwergmöwe
Ixobrychus minutus – Zwergdommel
Larus argentatus – Silbermöwe
Larus canus – Sturmmöwe
Larus ridibundus – Lachmöwe
Limosa limosa – Uferschnepfe
Luscinia svecica – Blaukehlchen
Lymnocryptes minimus – Zwergschnepfe
Mergus merganser – Gänsesäger
Milvus milvus – Rotmilan
Motacilla cinerea – Gebirgsstelze
Numenius arquata – Großer Brachvogel
Nycticorax nycticorax – Nachtreiher
Pandion haliaetus – Fischadler
Panurus biarmicus – Bartmeise
Phalacrocorax carbo – Kormoran
Philomachus pugnax – Kampfläufer
Pluvialis apricaria – Goldregenpfeifer
Podiceps auritus – Ohrentaucher
Podiceps cristatus – Haubentaucher
Podiceps grisegena – Rothalstaucher
Podiceps nigricollis – Schwarzhalstaucher
Porzana porzana – Tüpfelsumpfhuhn
Rallus aquaticus – Wasserralle
Recurvirostra avosetta – Säbelschnäbler
Remiz pendulinus – Beutelmeise
Sterna hirundo – Flussseeschwalbe
Sternula albifrons – Zwergseeschwalbe
Tachybaptus ruficollis – Zwergtaucher
Tadorna ferruginea – Rostgans
Tadorna tadorna – Brandgans
Tringa glareola – Bruchwasserläufer
Tringa nebularia – Grünschenkel
Tringa ochropus – Waldwasserläufer
Tringa totanus – Rotschenkel
Vanellus vanellus – Kiebitz

SANDY TAIKYU KUHN SHIMU

YIN YOGA für dich

Spirituelle Impulse für deine tägliche Praxis

Anleitung zu den 40 Karte

Wir verzichten auf das Einschweißen unserer Kartensets – **UNSERER UMWELT ZULIEBE!**

ISBN 978-3-8434-9271-3

Sandy Taikyu Kuhn Shimu
Yin Yoga für dich
Spirituelle Impulse für deine tägliche Praxis

Birkenweg 14a, 64295 Darmstadt
E-Mail: gpsr@schirner.com

1. Auflage März 2026

Box, Karten & Anleitung: Anna Twele, Schirner, unter Verwendung von #81012826 (© HolyCrazyLazy) und #2146821721 (© ifti Stock), www.shutterstock.com
Fotografien der Yin-Yoga-Positionen: Andrea Myoku Dutler, www.andreacutler.com
Lektorat: Katja Hiller, Schirner
Druckproduktion: Ren Medien GmbH, Filderstadt
Printed in Czech Republic

www.schirner.com

Wenn ich loslasse, was ich bin,
werde ich, was ich sein könnte.
Wenn ich loslasse, was ich habe,
bekomme ich, was ich brauche.

\- Laotse -

Entdecke Yin Yoga ganz neu

Yin Yoga ist weit mehr als eine Abfolge von Haltungen – es ist eine zärtliche Einladung an deine Seele, sich ganz hinzugeben. In den passiven Dehnungen, die du oft minutenlang hältst, fühlst du den gegenwärtigen Moment tief in deinem Inneren. Hier öffnet sich ein heilsamer Raum für intensive emotionale Erfahrungen und innere Wandlung: Deine Gefühle dürfen fließen, dein Herz findet zur Ruhe, und deine Seele atmet befreit auf.
Jede Karte dieses einzigartigen Sets zeigt dir nicht nur eine sanfte Yin-Yoga-Position, sondern offenbart dir auch die Essenz ihrer geistigen, emotionalen und spirituellen Dimension. Diese besonderen

Impulse sind wie kleine Lichtfunken, die dich während deiner Praxis noch tiefer in die Haltungen und vor allem tiefer zu dir selbst tragen.
Beginne eine unvergleichlich erfüllende Reise in dein Innerstes! Du hast diese besonderen Karten nicht zufällig gewählt. Mit ihnen tauchst du in die spirituelle Weite von Yin Yoga ein – setzt dich mitfühlend, wertfrei und liebevoll mit dir selbst, mit deinem Körper und deinem Geist auseinander. Du begegnest dir auf einer tieferen Ebene – mit all deinen Facetten, deiner Verletzlichkeit und deiner Kraft.

Es gibt bereits viele lehrreiche, stilvoll illustrierte und technisch versierte Yin-Yoga-Bücher und -Kartensets, die sich mit den westlichen und östlichen anatomischen Grundlagen beschäftigen. Doch diese Karten sind anders. Ich habe bewusst auf Ausrichtungs- und Übungshinweise, auf Darstellungen von Energieleitbahnen oder Faszienzügen verzichtet. Ich ordne die Positionen weder Wandlungsphasen noch Funktionskreisläufen zu und spreche auch keine anatomischen Zielgebiete an.
Meine Intention ist es, dich auf deiner spirituellen Yin-Yoga-Reise zu begleiten. Seit 1995 unterrichte ich vollberuflich asiatische Lebens-, Kampf- und Gesundheitskünste und habe Hunderte Menschen auf

ihrem persönlichen Yin-Yoga-Weg begleitet – viele davon zu Lehrerinnen und Lehrern ausgebildet. Den emotionalen, geistigen oder spirituellen Einflüssen im Yin Yoga wird oft noch zu wenig Raum geschenkt – das möchte ich ändern, und das macht diese Karten auch so einzigartig.

Das ist das Wunderbare an Yin Yoga

Die langsame Art des Praktizierens, das passive Dehnen, das vorwiegend im Liegen und Sitzen ausgeübt wird, erzeugt ein Gefühl von Weite und Leichtigkeit, von Im-Fluss-Sein. Die regenerierenden und entspannenden Übungen führen dich in deine kraftvolle Mitte. Dein Körper erholt und erneuert sich. Dein Geist findet durch bewusste Wahrnehmung und Achtsamkeit in den Moment zurück. In dir entdeckst du die Quelle von Gelassenheit, Klarheit, Harmonie, Gesundheit und Lebensfreude.

Das Wunderbare an Yin Yoga ist, dass du keine Vorkenntnisse brauchst. Es gibt kein Ziel, das es zu erreichen gilt. Es geht nicht darum, eine Position perfekt auszuführen oder eine »richtige« Ausrichtung zu finden. Wenn zehn Menschen dieselbe Yin-Yoga-Position einnehmen, sieht die Haltung bei jedem anders aus, denn es gibt kein Richtig oder Falsch. **Im Yin Yoga steht deine Individualität im Mittelpunkt.** Du kannst keine Fehler machen, solange du deine natürlichen körperlichen und geistigen Grenzen wahrnimmst, annimmst und sie respektierst. Jede Position ist eine Einladung, ganz präsent zu sein – mit allen Sinnen, mit deinem Atem, mit deiner inneren Haltung. Yin Yoga lehrt dich, den Moment zu umarmen, ohne etwas zu bewerten, und dich selbst mit liebevoller Neugier zu erforschen. Diese achtsame Präsenz ist das Herzstück deiner Praxis und öffnet den Raum für tiefgreifende Erfahrungen und innere Wandlung. Gerade durch bedingungsloses Loslassen erfährst du dich im Hier und Jetzt – und darfst dich so annehmen, wie du bist.

Der Begriff »Yin Yoga« verweist darauf, dass neben indischen und westlichen Einflüssen auch Erkenntnisse der Traditionellen Chinesischen Medizin sowie philosophische Ansätze aus Taoismus und Buddhismus in dieser Yoga-Form verankert sind. Yin Yoga ist mehr als ein Trend des 21. Jahrhunderts. Seine Wurzeln sind tief und alt. Schon in der »Hathapradipika«, der klassischen Yoga-Schrift aus dem 14. Jahrhundert, finden sich Beschreibungen von Haltungen und deren Wirkungen, die den modernen Yin-Positionen entsprechen und den Körper auf die Meditation vorbereiten.

Deine Yin-Yoga-Praxis

Im Yin Yoga stehen Loslassen, Sanftheit, Weichheit, Entspannung, Ruhe, Leere und Meditation im Fokus. Es geht nicht um äußere Form, sondern um eine prozessorientierte Tiefenentspannung. Die Haltungen in diesem Set werden vorwiegend im Sitzen oder Liegen ausgeführt, nur eine Position wird im Stehen praktiziert: Karte 4 »Pendel«. Auf allen Karten findest du eine Angabe zur Verweildauer. Diese beträgt meist zwischen 3 und 5 Minuten, mindestens jedoch 1 Minute. Die angegebene Zeit bezieht sich jeweils auf eine Übung bzw. eine Seite. Wenn die Position zu einer Seite ausgeführt wird, solltest du sie anschließend zur anderen Seite machen, wodurch sich die Übungsdauer verdoppelt. Du kannst die Zeit aber auch gern so verlängern, wie es für dich passt.

Jeder Mensch ist einzigartig – mit individuellem Knochenbau, Beweglichkeit, Lebensgeschichte und Energieniveau. **Sei deshalb mitfühlend mit dir, erzwinge nichts, übe achtsam, und höre auf die Signale deines Körpers.** Im Yin Yoga gibt es keine Standardregeln oder Verallgemeinerungen. Bei starken körperlichen Einschränkungen empfehle ich, ärztlichen Rat einzuholen, ob und in welchem Umfang die Übungen für dich geeignet sind.

Schmerz ist eine komplexe, subjektive Wahrnehmung, die von vielen Faktoren beeinflusst wird – von Verhaltensnormen über die emotionale Verfassung bis hin zu Tageszeit und genetischer Veranlagung. Im Yin Yoga unterscheiden wir zwischen dem »süßen Schmerz« – oft als »Wohlfühlschmerz« bezeichnet – und dem »bitteren Schmerz«. Der süße Schmerz fühlt sich dumpf und breitflächig an, führt vom Gelenk weg und entspricht der Dehnung. Ihn darfst du zulassen und in der Position verweilen. Der bittere Schmerz ist stechend, punktuell und führt zum Gelenk hin – er signalisiert eine unheilsame Kompression und sollte vermieden werden. In diesem Fall verlässt du die Position oder modifizierst sie.

Drei Schritte bei bitterem Schmerz:

1. **Verändere den Winkel der Position.**
   Z. B.: Im »Schmetterling« (Karte 9) kannst du die Fußsohlen weiter vom Körper weg oder näher zusammenbringen, um den Hüftwinkel zu verändern und den Druck zu verringern.
2. **Nutze ein Hilfsmittel zur Unterstützung.**
   Z. B.: Im »friedvollen Kind« (Karte 36) kannst du ein Bolster oder eine Decke unter den Oberkörper legen, um die Dehnung sanfter zu gestalten und den Rücken zu entlasten.
3. **Wechsle zu einer alternativen Übung.**
   Z. B.: Wenn dir die »Raupe« (Karte 16) im Sitzen zu intensiv ist, kannst du stattdessen die Alternative im Liegen mit Gurt (kleines Foto) praktizieren oder das »Pendel« (Karte 4) im Stehen üben.

Im Yin Yoga werden Faszien, Gelenke, Bänder, Sehnen und Knochen angesprochen. Das tiefe Einsinken in die Position ist herausfordernd. Der meditative Aspekt und das achtsame Gewahrsein sind entscheidend, während die Atmung natürlich und entspannt bleibt. Manche Menschen lehnen Hilfsmittel im Yin Yoga komplett ab, andere befürworten sie uneingeschränkt. Ich bin überzeugt: Die Wahrheit liegt in der goldenen Mitte.

Sinnvolle Hilfsmittel:

- eine feste Decke, auf der du im Sitzen das Becken entlastest
- ein Kissen oder eine Decke unter den Knien bei Zittern der Oberschenkel
- ein Yoga-Bolster, um leichter loszulassen
- eine Decke unter dem Kopf für eine natürliche Halswirbelsäulenlänge
- ein Yoga-Block als Stütze für die Stirn
- ein Yoga-Gurt zur Verlängerung von Armen oder Beinen
- eine zusammengerollte Decke unter den Knien bei Knieschmerzen
- eine Decke zum Zudecken bei Kälte

In meinem Unterricht haben sich drei Kriterien bewährt, die auch dir helfen werden, deine persönliche Praxis zu überprüfen: **1. Der Körper ist entspannt. 2. Der Geist ist ruhig. 3. Der Atem ist natürlich.** Das heißt: Entspanne deinen Körper, indem du muskuläre Spannungen immer wieder loslässt. Lasse deinen Geist still werden, indem Gedanken kommen und gehen dürfen, du Affirmationen achtsam wiederholst oder die spirituellen Impulse absichtslos in dich einsinken lässt. Atme frei und entspannt durch die Nase, ohne den Atem bewusst zu steuern.

Wichtige Hinweise für deine Praxis:

- Komme behutsam in die Position. Gehe nicht von Anfang an an deine Grenzen. Erlaube dir, dich langsam zu öffnen, und lasse Raum für Vertiefung. Yin Yoga ist prozessorientiert: Du startest und endest nicht am selben Ort.
- Entspanne Körper und Geist, atme natürlich, lächle, und lasse deine Gedanken wie Wolken ziehen.
- Komme achtsam aus der Haltung heraus, und nimm dir Zeit zum Nachspüren. Lade neue Energie ein, und gehe zur nächsten Position.
- Verlasse sofort die Position, wenn du einen scharfen, stechenden Schmerz spürst, ein Körperteil einschläft oder du ein Kribbeln in den Extremitäten wahrnimmst, um Nervenreizungen oder Verletzungen zu vermeiden.
- Vertiefung bedeutet nicht zwangsläufig mehr Dehnung oder längere Dauer. Manchmal heißt Vertiefung, dass Atem, Gesichtszüge, Muskeln und Geist ruhiger und gelassener werden – das ist wunderbar.

Erschaffe dir eine schöne, sichere und warme Umgebung für deine Yin-Yoga-Einheiten: Zünde eine Kerze an, lasse Räucherwerk duften, stelle frische Blumen auf, und spiele im Hintergrund sanfte Musik ab. Stelle einen Wecker mit angenehmem Klang – so kannst du in der jeweiligen Position vollkommen loslassen und musst nicht auf die Uhr schauen. Es gibt viele Apps mit Klangschalen- oder anderen sanften Tönen.

Yin Yoga schafft Raum für deine Gefühlswelt. Während der Praxis können Emotionen wie Traurigkeit, Angst, Wut, Einsamkeit oder Ungeduld auftauchen. Erlaube dir, diese Gefühle wahrzunehmen, sie zu beobachten und ihnen liebevoll Raum zu geben. Verdränge sie nicht, versuche nicht, sie zu verändern oder vor ihnen zu fliehen. Sei mitfühlend und geduldig mit dir selbst.
Wenn dich starke Emotionen überwältigen, sei sanft mit dir selbst und nutze deine Atmung, um ihnen Raum zu schenken. Scheue dich nicht, Unterstützung bei vertrauten Menschen oder Fachpersonen zu suchen. Es ist vollkommen in Ordnung, wenn Tränen fließen – sie sind Teil des Heilungsprozesses.

So begleiten dich die Karten auf deiner Yin-Yoga-Reise

Dieses Set umfasst 40 Karten. Auf der Vorderseite findest du eine große Abbildung der Yin-Yoga-Position, Nummer und Titel der Karte sowie die empfohlene Verweildauer, die du nach Belieben verlängern kannst. Die Abbildung im Kreis darunter zeigt dir eine Variante zur Vertiefung oder zur Vereinfachung oder eine alternative Haltung, die das gleiche Zielgebiet anspricht. Die kraftvollen **Affirmationen** auf der Vorderseite unterstützen dich während der Praxis und im Alltag. Sie stärken deine innere Haltung und begleiten dich liebevoll auf deinem Weg. Die tiefgründigen **spirituellen Botschaften** auf der Rückseite der Karten, die ich für jede Yin-Yoga-Position verfasst habe, eröffnen dir einen Zugang zu den emotionalen, spirituellen und geistigen Qualitäten jeder Haltung. Sie laden dich ein, die Hintergründe und heilsamen Wirkungen bewusst wahrzunehmen und in deine Praxis zu integrieren. Sie schenken dir einen Raum, in dem du dich mit dir selbst auf einer tieferen Ebene verbinden kannst – jenseits von Körper und Form.

Du kannst die spirituellen Texte vor dem Üben achtsam lesen und während des Haltens der Position absichtslos wirken lassen. Oder du tauchst bewusst in die heilsamen Qualitäten ein, um deine Yin-Yoga-Praxis zu einer inneren Reise werden zu lassen. Du kannst dir z.B. während der Position »Adlerarme« (Karte 6) vorstellen, wie du frei wie ein Vogel hoch am Himmel fliegst, oder deinen Geist im »Pendel« (Karte 4) wie ein Pendel hin- und herschwingen lassen.

Yoga-Lehrerinnen oder Yoga-Lehrern bietet das Set die wunderbare Möglichkeit, während einer Unterrichtsstunde entweder die Affirmation oder die spirituelle Botschaft vorzulesen. So können die Schülerinnen und Schüler noch umfassender in die Praxis eintauchen und die transformierende Kraft von Yin Yoga erfahren.

Die Wirkung von Yin Yoga entfaltet sich besonders in der Kontinuität. Gib dir Zeit, und übe regelmäßig – auch wenn sich Veränderungen manchmal langsam zeigen. **Geduld und liebevolle Beharr-**

lichkeit sind deine besten Begleiter auf diesem Weg. Schenke dir während der Praxis immer wieder ein bewusstes Lächeln. Es nährt Körper und Geist – ganz unabhängig davon, wie dir gerade zumute ist. Jede Zelle wird durch ein Lächeln mit positiver Energie versorgt, und du verbindest dich direkt mit deiner Lebenskraft. Entspanne auch deine Gesichtszüge regelmäßig – Stirn, Schläfen, Augen, Wangen, Lippen, Kiefer, Kehle und Zunge. Das wirkt Wunder. Probiere es aus!

Aufbau des Kartensets:

- **34 Karten sind klassische Yin-Yoga-Haltungen.** Alle Haltungen kannst du frei miteinander verbinden und kombinieren, ganz nach deinen Bedürfnissen und Vorlieben.
- **Eine Karte ist eine ausgleichende Haltung.** Der »Scheibenwischer« (Karte 37) ist die einzige bewegte Übung im Set, die du zwischen den einzelnen Yin-Yoga-Positionen zur Entlastung praktizieren kannst, z.B. in der Bauchlage nach der »Sphinx« (Karte 23) oder dem »Seehund« (Karte 24), in der Rückenlage nach dem »Wasserfall« (Karte 35) oder sitzend nach dem »Schnürsenkel« (Karte 13) oder der »Raupe« (Karte 16).

- **Zwei Karten sind Entspannungshaltungen.** Diese beiden Positionen, die »Bauchlage« (Karte 39) und die »Rückenlage« (Karte 40), eignen sich hervorragend, um sie zwischendurch oder für eine längere Anfangs- oder Endentspannung in deine Praxis einzubauen.
- **Drei Karten sind Meditationshaltungen.** Mit den Positionen »Herz & Geist verbinden« (Karte 1), »Bauchatmung« (Karte 2) und »Sich selbst umarmen« (Karte 3) kannst du deine Praxis starten, beenden oder bei einem speziellen Fokus auch zwischendurch praktizieren.

Je nach Zeit und Intention kannst du dir mit den 40 Karten deine individuelle Yin-Yoga-Sequenz zusammenstellen. Das Schöne ist, dass du die Karten vor der Praxis ganz bewusst auswählen und auslegen kannst – so entsteht eine Sequenz, die genau auf deine Bedürfnisse und Wünsche abgestimmt ist. Ein paar Kurzsequenzen habe ich weiter hinten für dich zusammengestellt.
Beginne deine Yin-Yoga-Einheit z. B. mit einer Meditations- und/oder einer Entspannungshaltung, wähle dann 4 bis 10 Positionen für den Hauptteil, und schließe mit einer Entspannungs- und/oder Meditationshaltung ab. Du kannst thematisch üben,

intuitiv Karten ziehen oder deine Praxis ganz nach Lust und Laune gestalten. Erlaube dir, zu experimentieren – das Wichtigste ist, dass du Freude hast. Natürlich kannst du auch nur eine oder zwei Positionen praktizieren, wenn dir das eher entspricht und besser in deinen Tagesablauf passt. Wenn du dir eine »typische« Yin-Yoga-Praxis wünschst, kannst du sie nach dem Drei-Säulen-Prinzip aufbauen:

1. Säule: Eröffnung

- Anfangsentspannung, z. B. »Bauchlage« (Karte 39)
- Atemübung, z. B. »Bauchatmung« (Karte 2)
- Meditation, z. B. »Herz & Geist verbinden« (Karte 1)

2. Säule: Hauptteil

- Yin-Yoga-Positionen je nach Zielgebiet, Bedürfnis, Tageszeit, Thema oder Konstitution und gewünschter Länge der Praxis
  Z. B. Kurze Sequenz, um die Wirbelsäule in alle Richtungen zu mobilisieren: »Pendel« (Karte 4), »Sphinx« (Karte 23), »Halbmond« (Karte 28), »Korkenzieher« (Karte 32)

3. Säule: Abschluss

- Endentspannung, z. B. »Rückenlage« (Karte 40)
- Meditation, z. B. »Sich selbst umarmen« (Karte 3)

Nutze die Karten auch als Inspiration, um immer wieder neue Schwerpunkte zu setzen oder deine Praxis an deine aktuelle Lebenssituation anzupassen. **So bleibt deine Yin-Yoga-Praxis lebendig, abwechslungsreich und tief nährend.**

Viele Yin-Yoga-Positionen bieten dir die Möglichkeit, zwischen einer sanfteren, einer vertieften oder einer alternativen Variante zu wählen. So kannst du deine Praxis flexibel an dein aktuelles Bedürfnis, deine Tagesform oder deine körperlichen Voraussetzungen anpassen. Beispielsweise kann sich die Variation darin zeigen, ob du den Oberkörper aufrecht hältst, was die Haltung etwas aktiver macht, oder du lässt ihn nach vorn sinken, um dich besonders tief zu öffnen, zu entspannen und loszulassen. Ebenso kannst du den Sitz in der Meditation oder Atemübung frei wählen. Zu Beginn ist es manchmal sinnvoller, nur den Schneidersitz mit dem Gesäß auf einer Decke oder den Fersensitz auf einem Bolster einzunehmen und erst gegen Mitte oder Ende der Praxis eine anspruchsvollere Position, z.B. den halben oder den ganzen Lotossitz, zu praktizieren.
Du kannst auch beide Positionen, die auf einer Karte abgebildet sind, nacheinander üben. Starte immer mit der einfacheren Variante, und vertiefe je

nach Bedürfnis mit der zweiten Position, z. B. zuerst »halber Affe« (Karte 19 kleines Bild) und danach der »ganze Affe« (Karte 19 großes Bild) oder »Herzöffnung mit Bolster« (Karte 22 kleines Bild) und dann »Herzöffnung« (Karte 22 großes Bild).

Nun hast du alle Informationen, um mit dem Set deine persönliche Yin-Yoga-Praxis mit Achtsamkeit und Freude zu gestalten. So öffnet sich vor dir ein Weg der Stille und des Loslassens, ein Raum, in dem dein Herz zur Ruhe kommen und deine Seele aufatmen darf. Möge dir dieses Set Frieden schenken, tiefe Entspannung und die Freude, dich selbst immer wieder neu zu entdecken – ganz in deinem eigenen Tempo und mit liebevoller Achtsamkeit.

Erinnere dich: **Yin Yoga praktizierst du immer nur *für dich!*** In diesem Sinne lade ich dich ein, diesen Weg mit offenem Herzen und voller Vertrauen zu gehen.

Von Herz-Geist zu Herz-Geist
Sandy Taikyu Kuhn Shimu

Yin-Yoga-Sequenzen für dich

Nach über 30-jähriger Unterrichtserfahrung fällt es mir schwer, feste Abfolgen festzulegen. Jede Praxis ist einzigartig und entsteht im Moment, angepasst an die Teilnehmerinnen und Teilnehmer. Viele Faktoren – wie die Bedürfnisse der Gruppe, das Wetter, die Jahreszeit, die Energie im Raum oder der Zeitpunkt – prägen jede Stunde aufs Neue. Deshalb sieht keine Yin-Yoga-Stunde aus wie die andere. Mein Ziel ist es, immer wieder Raum zu schaffen und auf jeden Menschen persönlich einzugehen.

Zu Beginn meiner Lehrtätigkeit war das anders: Feste Sequenzen gaben mir Struktur und Sicherheit – und das war wichtig. Mit der Zeit entwickelte ich ein tieferes Selbstvertrauen und eine ganzheitlichere Sichtweise. **Yin Yoga ist mehr als Technik – es ist eine Lebenskunst, die immer wieder neu erlebt, gefühlt und gestaltet werden will.** Es gibt nicht die eine Serie für »Herzöffnung« oder »Stressabbau«. Je nach Schwerpunkt – geistig, energetisch oder anatomisch – verändert sich die Praxis jedes Mal.

Yin Yoga lädt dich ein, immer wieder neu hinzuspüren und deinen eigenen Weg zu finden – frei, offen und bewusst. Die nachfolgenden sechs Kurzsequenzen dienen dir als Inspiration. Entspannungsphasen kannst du ganz nach deinem Bedürfnis zwischen den einzelnen Positionen einbauen. Jede der 40 Yin-Yoga-Positionen ist mindestens einmal vertreten – so lernst du mit der Zeit alle Haltungen kennen und integrierst sie in deine Praxis.

Ich wünsche dir viel Freude beim Entdecken und Ausprobieren.

Starker Rückhalt

Sequenz für eine befreite Wirbelsäule

39 Bauchlage
23 Sphinx
24 Seehund
37 Scheibenwischer (Bauchlage)
36 Friedvolles Kind
4 Pendel
28 Halbmond
32 Korkenzieher
20 Paket
40 Rückenlage

Schlummerzauber

Sequenz für süße Träume

40 Rückenlage
21 Glückliches Kind
32 Korkenzieher
25 Fisch
9 Schmetterling
16 Raupe
35 Wasserfall
38 Embryohaltung
2 Bauchatmung
3 Sich selbst umarmen

Selbstliebe

Sequenz für liebevolle Achtsamkeit

3 Sich selbst umarmen
9 Schmetterling
23 Sphinx
29 Offener Flügel
22 Herzöffnung
18 Schwan
14 Hürdensitz
31 Liegende Katze
33 Schnecke
40 Rückenlage

Kraftvolle Mitte

Sequenz für innere Stabilität

2 Bauchatmung
4 Pendel
8 Girlande
5 Diamantsitz
17 Drache
11 Libelle
13 Schnürsenkel
12 Quadrat
20 Paket
1 Herz & Geist verbinden

Im Fluss der Energie

Sequenz für lebendige Entspannung

1 Herz & Geist verbinden
2 Bauchatmung
9 Schmetterling
25 Fisch
27 Sattel
34 Hund
28 Halbmond
35 Wasserfall
37 Scheibenwischer (Rückenlage)
40 Rückenlage

Erwachen der Freiheit

Sequenz für heiteres Loslassen

6 Adlerarme
7 Zehensitz
15 Reh
10 Frosch
26 Brücke
29 Offener Flügel
27 Sattel
17 Drache
19 Affe
30 Uhr

Dank

Meine Dankbarkeit gilt Heidi und Markus Schirner sowie Katja Hiller und Anna Twele, die es immer wieder ermöglichen, dass aus einer Vision Wirklichkeit wird. Ein herzliches Dankeschön an Andrea Myoku Dutler (www.andreadutler.com), die mit Geduld, Hingabe und einem geschulten Auge für Details die wundervollen Fotos für dieses Kartenset geschaffen hat. Ebenso danke ich der YOGA BOUTIQUE (www.yoga-boutique.ch) für die Bereitstellung der hochwertigen Yogamatte sowie für das bequeme Yoga-Outfit lululemon (www.lululemon.com). Mein innigster Dank gilt meinem geliebten Mann Fredy, der mich auch bei diesem Projekt mit Herz und Geist begleitet hat. Und nicht zuletzt danke ich meinen Schülerinnen und Schülern, die mir ihr Vertrauen schenken und mich stets aufs Neue inspirieren.

Über die Autorin

Sandy Taikyu Kuhn Shimu ist Schriftstellerin, Künstlerin und Lehrerin. Sie lebt, schreibt und unterrichtet im Zürcher Oberland und auf Sri Lanka. Seit über 30 Jahren widmet sie sich den östlichen Bewegungs- und Lebenskünsten. 1998 gründete sie gemeinsam mit ihrem Mann die WULIN Academy – einen Ort, an dem Körperkultivierung und Persönlichkeitsentwicklung in harmonischem Einklang stehen. Ihr einzigartiger Unterrichtsstil verbindet eine ganzheitliche Perspektive mit tiefer Achtsamkeit. Mit viel Humor und Leichtigkeit vereint sie psychologische und philosophische Aspekte aus Buddhismus, Taoismus, Traditioneller Chinesischer Medizin und Ayurveda. Mit jedem Workshop, jeder Unterrichtsstunde und jedem Retreat öffnet sie Türen zu neuen kreativen und inspirierenden Welten und berührt die Herzen jener, die auf der Suche nach ihrem eigenen Ausdruck und dem wahren Kern ihres Seins sind.

www.taikyu.ch

HERZ & GEIST VERBINDEN

1–5 Minuten

Ich verbinde mein Herz und meinen Geist und verspüre tiefen Frieden.

Für dich ...

Erlaube dir, die zarte Brücke zwischen Gefühl und Verstand wahrzunehmen. Wie zwei Flüsse, die sich zu einem kraftvollen Strom vereinen, kommen Liebe und Einsicht zusammen und schenken dir Einheit. Nimm deine Emotionen und Gedanken mitfühlend, wertschätzend und dankbar an – ohne zu urteilen. Verbinde dich mit einer inneren, tieferen Ebene in dir, in der Weisheit und geistige Führung wachsen.

BAUCHATMUNG

1–5 Minuten

Ich fokussiere mich auf meine innere Mitte, bin zentriert und wachse in meine Kraft.

Für dich ...

Atme tief in deinen Bauch, und spüre, wie er sich behutsam hebt und wieder senkt – wie sanfte Wellen auf dem weiten Ozean. Mit jedem Atemzug stärkst du die Verbindung zu deiner inneren Mitte, der Kraftquelle in dir. Lasse die Gegenwart lebendig werden, tauche ganz ins Hier und Jetzt ein. Erkenne die Energie und Vitalität, die in dir ruht. Aus deiner Stabilität heraus kannst du frei und sicher in alle Richtungen wachsen.

SICH SELBST UMARMEN

1–5 Minuten

Ich schenke mir ein Lächeln und finde Halt und Geborgenheit in mir.

Für dich ...

Umarme dich mit zärtlichen Händen –
wie eine schützende, warme Decke, die
dich einhüllt und dir Geborgenheit spendet.
Nimm dich genau so an, wie du bist –
stark und verletzlich, mit all deinen
Licht- und Schattenseiten. Diese liebevolle
Umarmung ist dein sicherer Hafen, ein Ort
tiefer Selbstannahme und Fürsorge.
Sie erinnert dich daran, dass du immer
wertvoll und vollkommen bist.

Für dich ...

Wie ein Pendel, das frei zwischen zwei Polen schwingt, findest du in deine innere Mitte und spürst die harmonische Ausgeglichenheit in dir. Im natürlichen Tanz der Balance kehrt tiefe Ruhe ein, die deinen Geist klärt und deinen Körper entspannt. Gönne dir diesen Augenblick der Präsenz, in dem sich alle Spannungen lösen und du von einem Gefühl friedvoller Gelassenheit getragen wirst.

PENDEL

2–5 Minuten

Ich entdecke mein inneres Gleich-gewicht und genieße Ruhe und Gelassenheit.

BRÜCKE

2–5 Minuten

Ich schaffe liebevolle Verbindungen, die mich nähren und stärken.

Für dich ...

Wie eine Brücke, die Ufer miteinander verbindet, vereinst du die Gegensätze in dir und findest in die Harmonie. Spüre, wie deine Energie frei fließt und Körper und Geist sich öffnen. In deiner inneren Mitte wächst eine tiefe Gewissheit, die dich sicher auf deinem Weg führt. Durch dieses stärkende Band überwindest du Hindernisse und vereinst, was zusammengehört – den Puls der Gegenwart mit der Weite des Bewusstseins. In deinem Sein bilden Fühlen, Denken und Handeln einen Gleichklang.

Für dich …

Im Diamantsitz ruhst du wie ein kostbarer Edelstein – stabil und doch leicht, fest verbunden mit der Erde und offen für die Weite des Himmels. Du bist ein einzigartiger Schatz, strahlend in deiner Vollkommenheit, und bringst alle Facetten deiner inneren Wahrheit zum Leuchten. In der Stille deines Seins bist du zu Hause. Erlaube dir, ganz in den unmittelbaren Moment einzutauchen, und empfange die reiche Kraft, die in dir wohnt – die Quelle deiner inneren Fülle.

DIAMANTSITZ

1–3 Minuten

Ich bin geerdet und schöpfe aus dem unermesslichen Reichtum meines Seins.

Für dich ...

Wie ein Adler, der hoch am Himmel seine Kreise zieht und den grenzenlosen Horizont begrüßt, findest du Entschlossenheit und Weitblick in dir. Spüre, wie dein Geist sich ausdehnt und alte Lasten von dir abfallen, die dich noch zurückgehalten haben. Du bist bereit, dich zu entfalten. Vertraue deinen inneren Flügeln, die dich sicher emporheben, würdevoll tragen und dir die Freiheit schenken, deinen eigenen Weg selbst zu wählen.

ADLERARME

1–3 Minuten

Ich erhebe mich mutig und öffne mich für eine neue Freiheit.

Für dich ...

Im Zehensitz findest du einen festen Anker in dir – dein Fundament, das dich tief mit der Erde verwurzelt und dir innere Stabilität schenkt. Gib dich behutsam dem gegenwärtigen Augenblick hin – diese Verbindung hält dich. In der Innenschau entdeckst du den Spiegel deines Lebensweges, klar und ehrlich, und kannst dich achtsam neu ausrichten.

ZEHENSITZ

1–3 Minuten

Ich bin tief verwurzelt und verbunden mit dem Lebensstrom, der mich trägt.

Für dich ...

Wie eine Girlande aus bunten Blumen, die das Leben in all seiner Pracht feiert und verbindet, bist auch du ein kostbarer Teil des großen Ganzen – erfüllt von Freude und Gemeinschaft. Du darfst dich ganz fallen lassen und die tiefe Einheit mit Mutter Erde wahrnehmen. Spüre, wie die uralte Kraft deines Ursprungs dich behütet, und öffne dich der grenzenlosen Herrlichkeit, die dein Dasein erfüllt. Du bist verankert in dir selbst und im pulsierenden Herzen der Erde.

GIRLANDE

2–5 Minuten

Ich öffne mich
dem Leben voller
Freude und feiere
seine ganze Fülle.

Für dich ...

Im Schmetterling öffnest du dich für deine Anmut und Verletzlichkeit wie ein zarter Falter im Wind. Lasse die leise Transformation zu, und spüre die Entfaltung, die in deinem Inneren ihren Anfang nimmt. Erlaube dir, in deinem Tempo zu wachsen und die Leichtigkeit zu fühlen, die die Erneuerung dir bringt. Jede Emotion ist ein Ausdruck deiner Lebendigkeit – heiße sie freundlich willkommen. Du stärkst in dir die vollkommene Akzeptanz, die dich feinfühlig trägt und deine wahre Schönheit zum Vorschein bringt.

SCHMETTERLING

3–5 Minuten

Ich entfalte mich in Anmut und strahle Leichtigkeit und Schönheit aus.

Für dich ...

Der Frosch lädt dich ein, dich weit zu öffnen und deine seelischen Fesseln vorsichtig abzulegen. Achtsam nimmst du wahr, wie sich die Schatten der Vergangenheit auflösen und du in dein inneres Gleichgewicht findest. Erlaube dir, dich mutig in deiner ganzen Wahrheit zu zeigen, und spüre die Stärke, die aus liebevoller Selbstannahme erwächst. Du darfst loslassen und heiteren Gleichmut in dir willkommen heißen.

FROSCH

3–5 Minuten

*Ich lasse los,
was mich beschwert,
und folge beherzt
meinem eigenen
Weg.*

Für dich ...

Wie die Libelle gleitest du mit graziler Leichtigkeit durch dein Leben – getragen von der Balance zwischen Erdung und Freiheit. Mühelos passt du dich jeder Situation an und begrüßt den steten Wandel mit Flexibilität und Offenheit. Erkenne mit klarem Blick deine wahre Größe, und folge mutig deinem inneren Ruf. Er erinnert dich daran, selbstbewusst dein Potenzial zu leben.

LIBELLE

3–5 Minuten

Ich bewege mich frei und flexibel und vertraue meiner inneren Weisheit.

Für dich ...

Das Quadrat webt dir ein stabiles Netz – ein Symbol für Vollkommenheit und klare Grenzen. In diesem geschützten Raum findest du stärkenden Rückhalt. Beobachte deine Gefühle mit gütiger Distanz, ohne dich von ihnen mitreißen zu lassen, und löse dich von allem, was dich belastet oder nicht mehr nährt. In dieser Ordnung erwacht eine neue Kraft, die dich sicher durch dein Leben führt.

QUADRAT

3–5 Minuten

Ich respektiere meine Grenzen und lasse los, was mich nicht länger nährt.

Für dich ...

Der Schnürsenkel spiegelt das natürliche Spiel von Bindung und Lösung. Du öffnest dich deiner inneren Welt und erschaffst einen heilenden Raum, in dem dein Nervensystem zur Ruhe kommt. Finde zurück in sorgsame Achtsamkeit und Besonnenheit, und spüre wohltuende Leichtigkeit. Du darfst ganz du selbst sein – frei und unbeschwert. Im Gleichgewicht löst sich das Chaos in kosmische Ordnung auf, und alles entwickelt sich zum Guten.

SCHNÜRSENKEL

3–5 Minuten

Ich bin im Einklang mit dem Universum und erfahre Harmonie.

Für dich ...

Im Hürdensitz begegnest du Hindernissen in Körper und Geist mit Geduld und innerer Stärke. Stelle dich ihnen offen, und begleite dich voller Selbstliebe. So erwacht in dir die Tatkraft, Grenzen zu überwinden und über dich hinauszuwachsen – Schritt für Schritt auf deinem Weg. Mit jeder Hürde, die du meisterst, öffnen sich Türen zu neuen Welten des Bewusstseins. Dein wahres Wesen tritt hervor und entfaltet sich.

HÜRDENSITZ

1–3 Minuten

Ich wachse an meinen Heraus-forderungen und ergreife mutig neue Gelegenheiten.

Für dich ...

Voller Sanftmut, Intuition und Anmut
verbindest du dich im Reh mit der
Natur und deinem inneren Frieden.
Denke daran, auch in schwierigen
Situationen Leichtigkeit zu bewahren.
Nimm deine Verletzlichkeit wahr,
und begegne dir selbst mit Mitgefühl.
In leiser Demut spürst du deine feine
Sensibilität, öffnest dich furchtlos dem
Leben und findest unerschütterliche
Stärke in deiner zarten Sanftheit.

REH

3–5 Minuten

Ich finde Stärke in der zarten Sanftheit meines Wesens.

Für dich ...

Die Raupe schenkt dir einen sicheren Raum – einen ruhigen Kokon für Wachstum und leise Verwandlung. Nähre mit Geduld und Bewusstheit deine Träume, und setze die Samen für das Neue und deine Metamorphose. Wohltuend weht die Magie des Wandels durch dein Leben und lädt dich ein, dich vertrauensvoll der Transformation hinzugeben.

RAUPE

3–5 Minuten

Ich vertraue dem natürlichen Wandel und erwache zu meinem wahren Selbst.

Für dich ...

Im Drachen spürst du die magische Schwingung eines Wesens, das mühelos durch Luft, Erde, Wasser und Feuer gleitet. Öffne dich beherzt der Weite und dem Wandel, und lasse alle Einschränkungen los. Mit Würde und Stärke durchquerst du alle Sphären und Zeiten, während dein Glaube in dein Potenzial und den natürlichen Fluss deines Lebens wächst. Weise und stark, getragen von den Elementen, die tief in dir ruhen, findest du deinen Weg in die unendliche Freiheit.

DRACHE

3–5 Minuten

Ich trage die kraftvolle Energie aller Elemente in mir.

Für dich ...

Im Schwan empfängst du Reinheit, Licht und Kraft zur Entfaltung deines wahren Selbst. Erinnere dich an deine innere Schönheit und Weisheit, lebe Selbstliebe, und vertraue deiner Intuition. So öffnet sich der Weg zur spirituellen Erkenntnis und schöpferischen Verbindung. In diesem heilsamen Raum dürfen aufgestaute Energien wieder frei fließen, und du gelangst in dein emotionales Gleichgewicht zurück.

SCHWAN

3–5 Minuten

Ich empfange Heilung und lebe in verständnisvoller Verbundenheit mit allem Sein.

Für dich ...

Im Affen blüht deine Lebensfreude auf – neugierig, frei und unbeschwert. Wie einen bunten Blütenregen lässt du belastende Gedanken los und erschaffst die innere Weite für Zuversicht und Gelassenheit. Entfalte deine ganze Lebenskraft, und sei bereit, dein Sein in all seiner Fülle zu genießen. Mit Tatendrang, Mut, Kreativität und Lebenslust entdeckst du spielerisch neue Wege voller Chancen und Abenteuer.

AFFE

1–3 Minuten

Ich bin
frei, verspielt
und voller
Lebenslust.

Für dich ...

Im Paket entdeckst du eine friedliche Oase, einen sicheren Rückzugsort fern vom Trubel des Alltags. Halte inne, lege das Gewicht des Tages ab, und tauche in die stille Geborgenheit ein. In dieser liebevollen Umarmung erwacht neue Kraft, die dich nährt. Du bist eingeladen, in der Zurückgezogenheit wieder zu dir zu finden, dein inneres Wachstum zu spüren und ganz du selbst zu sein.

PAKET

1–3 Minuten

Ich bin geschützt und wachse selbstbestimmt über mich hinaus.

Für dich ...

Wie ein glückliches und verspieltes Kind tauchst du in die Freude deiner inneren Welt ein. Lasse los, was dich beschwert, und spüre die Leichtigkeit im Hier und Jetzt. Mit offenem Herzen und neugierigem Geist entdeckst du deine wahre Größe, verbindest dich mit deiner Lebensfreude und öffnest dich dem Wunder des Seins. Dein stilles Glück entfaltet sich wie eine zarte Blüte im Licht.

GLÜCKLICHES KIND

2–5 Minuten

Ich gebe mich der unbeschwerten Freude und Leichtigkeit meines Inneren Kindes hin.

Für dich ...

In der Herzöffnung blühst du auf und erlaubst Liebe und Licht, in dein Sein zu strömen. Du darfst alte Begrenzungen überwinden und loslassen. Spüre, wie dein Herz sich weitet. Du bist bereit, Wärme, Liebe und Mitgefühl für dich selbst zu empfangen und Verbundenheit, Güte und Mitfreude für andere zu empfinden. Die Liebe schlägt Wurzeln in deinem Herzen – erkenne, wie einzigartig und liebenswert du bist.

HERZÖFFNUNG

1–3 Minuten

Ich öffne mein Herz und empfange die heilende Liebe, die mich umgibt.

Für dich ...

Nimm dich selbst mit einfühlsamer Wertschätzung an, und lerne, deine Stimme für dein eigenes Wohl zu erheben – wie die Sphinx, die ruhige Weisheit und kraftvolle Präsenz verkörpert. So wächst in dir ein Selbstvertrauen, das dich zuverlässig durch deinen Alltag trägt. In der achtsamen Verbindung von Körper und Geist wird dein ganzes Potenzial sichtbar – stark, gegenwärtig, authentisch und im Einklang mit dir selbst.

SPHINX

1–5 Minuten

Ich strahle Weisheit, Selbstvertrauen und zeitlose Schönheit aus.

Für dich ...

Der Seehund verkörpert deine ruhige Kraft, geboren aus tiefer Hingabe und der fürsorglichen Führung deiner Intuition. Du wirst von Herzenswärme, Güte und Selbstakzeptanz begleitet und folgst deiner spirituellen Sehnsucht. Erhebe dein Haupt, und richte dich nach deinem inneren Kompass aus. Erlaube dir, das Leben in jeder Phase in seiner Fülle zu genießen und dich daran zu erfreuen.

SEEHUND

1–3 Minuten

Ich folge meinem inneren Kompass und lausche meiner Intuition.

Für dich …

Wie ein Fisch gleitest du sanft durch den Fluss des Lebens. Öffne dich für die Wahrheit und Tiefe deines Unbewussten, spüre deine Sensibilität und die Kraft deiner Gefühle. Nimm Veränderungen beherzt an, und lasse dich vom natürlichen Rhythmus des Lebens tragen. Du besinnst dich auf dein ursprüngliches Ich, findest Vertrauen in dein Selbst und gestaltest dein Leben unabhängig und selbstbewusst.

FISCH

2–3 Minuten

Ich fließe mit dem Leben mit und höre auf meinen eigenen Rhythmus.

SATTEL

2–5 Minuten

Ich sitze sicher im Sattel meines Lebens und verlasse mich auf meine innere Führung.

Für dich …

Dein Selbst ruft dich auf, dein Sein zu reflektieren. Fest im Sattel des Lebens sitzend, darfst du Ängste, Sorgen und Zweifel loslassen. Vertraue deiner inneren Führung, die dich lenkt, und finde zu Ruhe und Sicherheit. Du bist bereit, deinen Weg entschlossen und furchtlos zu beschreiten. Nimm dein Schicksal selbst in die Hand, und werde Meisterin oder Meister deines Lebens.

HALBMOND

3–5 Minuten

Ich heiße jeden Neuanfang und die natürlichen Zyklen des Lebens willkommen.

Für dich ...

Im zarten Licht des Halbmondes löst du dich von alten Mustern. Tritt in der stillen Geborgenheit des Augenblicks in den natürlichen Lauf des Lebens ein, und finde zu der freudigen Gewissheit, die jeden Neubeginn trägt. Dein Vertrauen durchströmt dich und entfesselt schöpferische Impulse deiner weiblichen Essenz, die dich mit Inspiration, Zuversicht und Kreativität erfüllen.

OFFENER FLÜGEL

1–3 Minuten

*Ich breite meine
Flügel aus und
höre auf den Ruf
meiner Seele.*

Für dich ...

Wie ein Flügel, der sich weit entfaltet und den Himmel berührt, trägst auch du die Essenz des Höheren in dir. Sie ist das leise Flüstern von Freisein und Unabhängigkeit, das tief in deinem Herzen wohnt. Nimm die unermessliche Weite ein, die dich umgibt, und löse dich von allen Begrenzungen. Lasse dich von deiner inneren Stärke emporheben, und folge dem Ruf deiner Seele in die Freiheit.

UHR

1–5 Minuten

Ich schätze jeden Moment und lasse mich vom Fluss der Zeit tragen.

Für dich ...

Die Uhr schenkt dir einen kostbaren Moment der Stille, ein Innehalten im Strom der Zeit. Erlaube dir, ganz im Hier und Jetzt zu verweilen und dich auf das Wesentliche zu besinnen. Schenke dir Aufmerksamkeit und Muße für dich selbst, und ehre die Kostbarkeit deiner Lebenszeit. In der Ruhe des Augenblicks öffnet sich eine Dimension voller neuer Einsichten und innerer Harmonie. Die Zeit offenbart sich dir als dein wertvollster Schatz.

LIEGENDE KATZE

1–3 Minuten

Ich setze klare Grenzen und stärke meine Selbstständigkeit.

Für dich ...

Die liegende Katze schenkt dir die Gabe, dein Herz für die feinen, oft verborgenen Botschaften von Körper, Geist und Seele zu öffnen. Lasse deinen Kummer und dein Grübeln los, und tauche in die nährende Stille ein. In der Achtsamkeit wächst deine innere Kraft, klare Grenzen zu setzen – nicht aus der Ablehnung heraus, sondern aus mitfühlender Selbstachtung. Du verspürst die tiefe Freiheit und Unabhängigkeit, die sanft und stetig für deine Entfaltung wirken.

KORKENZIEHER

3–5 Minuten

Ich wende mich wertschätzend nach innen und spüre die Kraft der Erneuerung.

Für dich ...

Wie ein Korkenzieher wendest du dich umsichtig nach innen und empfängst die Klarheit für eine ehrliche Selbstreflexion. Achtsam löst du innere Blockaden, lässt Altes los, und in der Stille der Drehung wachsen dein Gewahrsein und deine Kraft zur Veränderung. Finde zurück zu deinem Ursprung, deiner Quelle der Verjüngung, und erneuere dich von innen heraus. Versenke dich in die meditative Atmosphäre, in der deine innere Weisheit erwacht.

SCHNECKE

1–3 Minuten

Ich gehe meinen Weg, getragen von Geduld und Selbstvertrauen.

Für dich ...

Wie die Schnecke, die langsam und besonnen vorankommt, lernst du, deinen Weg gelassen und mit Ausdauer zu gehen. Öffne dich dem Rhythmus der Schöpfung in dir – einem fortwährenden Prozess von Wiedergeburt und Erneuerung –, und lausche auf Antworten aus deinem Inneren. Nach Zeiten der Reflexion wendest du dich entschlossen wieder nach außen und hinterlässt voller Selbstvertrauen deine eigenen Spuren.

HUND

1–3 Minuten

Ich schütze mich mit Fürsorge und bin mir selbst treu verbunden.

Für dich ...

Der Hund erinnert dich an die unerschütterliche Treue und die grenzenlose Liebe, die in deinem Herzen wohnt – für dich selbst und alle Wesen. Lasse alle deine Masken fallen, und offenbare dein wahres Selbst in seiner ganzen Tiefe und Schönheit. Umsichtig und herzlich begleitest du dich auf deinem Weg. Stärke deine innere Stimme, und hülle dich in den schützenden Mantel deiner Selbstliebe.

WASSERFALL

3–8 Minuten

Ich schöpfe aus der Fülle des Lebens und tauche in den Fluss der Energie ein.

Für dich ...

Wie das Wasser eines majestätischen Wasserfalls strömt lebendige Vitalität kraftvoll durch dich hindurch. Gib dich dem unaufhaltsamen Lauf des Lebens hin, lasse los, und nimm wahr, wie Bewusstheit deine Gedanken reinigt. Erneuerung und umfassende Transformation umhüllen dich und tragen dich in die stille Gegenwart, wo Herz und Geist in friedvollem Einklang schwingen.

FRIEDVOLLES KIND

2–3 Minuten

Ich behüte mein Inneres Kind und schenke ihm einen Ort der Heimat und Hoffnung.

Für dich ...

Im friedvollen Kind bist du an einem sicheren Rückzugsort voller Wärme und Behaglichkeit geborgen. Du darfst loslassen, was dich belastet, und dich in die beruhigende Atmosphäre von Akzeptanz und Mitgefühl sinken lassen. Lade dein Inneres Kind ein, sich zu zeigen, frei von Urteil und voller Hingabe. In diesem heilsamen Raum in dir erwächst eine warmherzige Selbstannahme, die deinen Selbstwert stärkt und dir hilft, emotionale Wunden heilen zu lassen.

SCHEIBENWISCHER

10–20 Mal

Ich befreie mich von allem, was mich belastet, und bin bereit für neue Erfahrungen.

Für dich ...

Wie ein unsichtbarer Scheibenwischer gleitet die spirituelle Kraft im Takt deines Herzens über die Fenster deiner Seele und schiebt trübe Schleier, Schatten und Hindernisse beiseite. Mit jedem Schwung befreit sie deinen Körper und deinen Geist von alten Blockaden. Reinige dein Energiefeld von belastenden Gedanken und angestauten Spannungen. Dir öffnet sich ein Raum voller Lebensenergie, aus dem frische Einsichten, Weitblick und lebendige Erneuerung in dein Sein strömen und dich erfüllen.

EMBRYOHALTUNG

2–3 Minuten

Ich fühle mich wahrhaftig verbunden mit der Quelle meiner Existenz.

Für dich ...

Die Embryohaltung öffnet dir den Zugang zu deinem innersten Kern – dem stillen Zentrum deines Seins und der Quelle allen Lebens. Du darfst dich zurückziehen und dich gehalten wissen. Schöpfung ist mehr als nur biologisches Werden – sie lebt in deinen Ideen, Projekten und deinem kreativen Ausdruck. Spüre die inspirierende Verbundenheit, die deine schöpferische Kraft erweckt. Du wirst immer wieder neu geboren.

BAUCHLAGE

3–5 Minuten

Ich spüre die nährende Lebens-kraft der Erde und finde darin sicheren Halt.

Für dich …

Auf deinem Bauch ruhend, spürst du die uralte Kraft der Erde, die dich sanft umhüllt und trägt. Wie unsichtbare Wurzeln wächst dein Urvertrauen, das dich fest und sicher ins Leben eintauchen lässt. Sinke hinab in die stille Verbindung zu deinem Körper, und spüre, wie deine innere Stärke erwacht. Spannungen dürfen sich leise auflösen wie Nebel im ersten Licht des Morgens. Geborgen und geerdet bist du bereit, neuen Lebensatem und kraftvolle Ruhe zu empfangen.

RÜCKENLAGE

3–5 Minuten

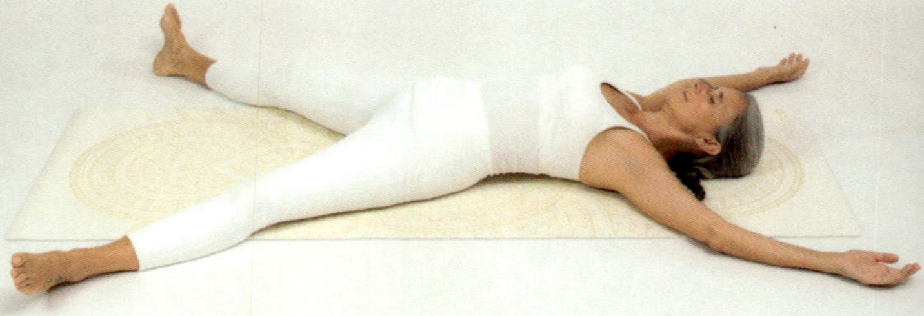

Ich verschmelze mit der Weite des Himmels und seinem schützenden Segen.

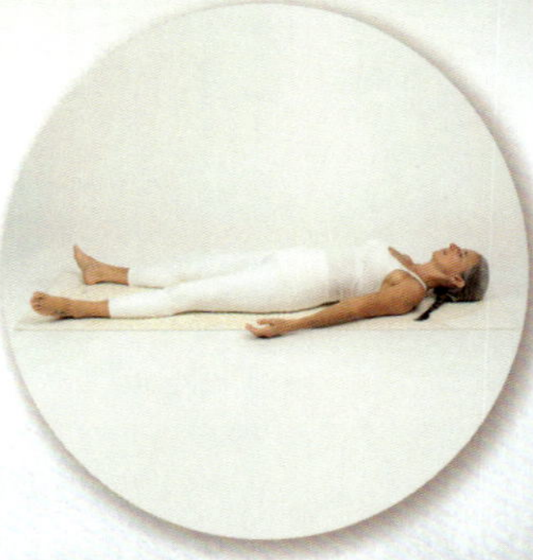

Für dich ...

Auf deinem Rücken ruhend, öffnest du dich dem grenzenlosen Himmel, der sich wie ein weiter Ozean über dir ausbreitet. Sanft lässt du dich auf seinen Wellen treiben. Lasse los, und gib dich ganz hin. Dein Geist entfaltet sich wie ein Segel im Wind und empfängt die Unbegrenztheit, die diese Weite dir schenkt. Eine erneuernde Kraft durchströmt und erfrischt dich wie ein leiser Sommerregen. Du bist erfüllt von Leichtigkeit, Offenheit und Flexibilität.